동물보건 실습지침서

동물보건외과학 실습

이수정 · 이신호 저

김영훈 · 윤은희 · 이재연 · 황인수 감수

박영story

머리말

최근 국내 반려동물 양육인구 증가에 따라, 인간과 더불어 사는 동물의 건강과 복지 증진에 관한 산업 또한 급성장을 이루고 있습니다. 이에 양질의 수의료서비스에 대한 사회적 요구는 필연적이며, 국내 동물병원들은 동물의 진료를 위해 진료 과목을 세분화하고, 숙련되고 전문성 있는 수의료보조인력을 고용하여, 더욱 체계적이고 높은 수준으로 수의료진료서비스 체계를 갖추고 있습니다.

2021년 8월 개정된 수의사법이 시행됨에 따라, 2022년 이후부터는 매년 농림축산식품부에서 주관하는 국가자격시험을 통해 동물보건사가 배출되고 있습니다. 동물보건사는 동물에 대한 관찰, 체온·심박수 등 기초 검진 자료의 수집, 간호판단 및 요양을 위한 간호 등 동물 간호 업무와 약물도포, 경구투여, 마취·수술의 보조 등 동물 진료 보조 업무를 수행하고 있습니다.

동물보건사 양성기관은 일정 수준의 동물보건사 양성 교육 프로그램을 구성하고, 동물보건사 필수교과목에 해당하는 교내 실습교육이 원활하고 전문적으로 이뤄질 수 있도록 교육 시스템을 마련해야 할 것입니다. 본 실습지침서는 동물보건사 양성기관이 체계적으로 동물보건사 실습교육을 원활하게 지도할 수 있도록 학습목표, 실습내용 및 준비물 등을 각 분야별로 빠짐없이 구성하였습니다. 또한 학생들이 교내 실습교육을 이수한 후 실습내용 작성 및 요점 정리를 할 수 있도록 실습일지를 제공하고 있습니다.

앞으로 지속적으로 교내실습 교육에 활용할 수 있는 교재로 개선해 나갈 것이며, 이 교재가 동물보건사 양성기관뿐만 아니라 동물보건사가 되기 위해 준비하는 학생들에게도 유용한 자료가 되기를 바랍니다.

2023년 3월

저자 일동

학습 성과	

학 교	
실습학기	
지도교수	
학 번	
성 명	

실습 유의사항

실습생준수사항

1. 실습시간을 정확하게 지킨다.
2. 실습수업을 하는 동안 항상 실습지침서를 휴대한다.
3. 학과 실습 규정에 따라 실습에 임하며 규정에 반하는 행동을 하지 않는다.
4. 안전과 감염관리에 대한 교육내용을 사전 숙지한다.
5. 사고 발생시 학과의 가이드라인에 따라 대처한다.
6. 본인의 감염관리를 철저히 한다.

실습일지 작성

1. 실습 날짜를 정확히 기록한다.
2. 실습한 내용을 구체적으로 작성한다.
3. 실습 후 토의 내용을 숙지하여 작성한다.

실습지도

1. 학생이 이론과 실습이 균형된 경험을 얻을 수 있도록 이론으로 학습한 내용을 확인한다.
2. 실습지침서에 기록된 사항을 고려하여 지도한다.
3. 모든 학생이 골고루 실습 수업에 참여할 수 있도록 지도한다.
4. 학생들의 안전에 유의한다.

실습성적평가

1. ______시간 결석시 ______점 감점한다.
2. ______시간 지각시 ______점 감점한다.
3. ______시간 결석시 성적 부여가 불가능(F) 하다.

* 실습성적평가체계는 각 실습기관이 자체설정하여 학생들에게 고지한 후 실습을 이행하도록 한다.

주차별 실습계획서

주차	학습 목표	학습 내용
1	일반외과 질환별 이해 및 동물환자 보호자 응대하기	- 일반외과 동물환자 보호자 상담하기(증상&징후, 주의점 등) - 수의사 처방 치료방법 및 수술 등의 진행과정 설명하기
2	정형외과, 신경외과, 치과, 안과 등 질환별 이해 및 동물환자 보호자 응대하기	- 정형외과, 신경외과, 수술적 처치가 필요한 치과 및 안과 등 동물환자 보호자 상담하기(증상&징후, 주의점 등) - 수의사 처방 치료방법 및 수술 등의 진행과정 설명하기
3	일반외과 수술기구 명칭 및 용도 이해하기	- 일반외과 수술 시 사용 기구
4	정형외과 및 신경외과 수술기구 명칭 및 용도 이해하기	- 정형외과 및 신경외과 수술 시 사용 기구
5	치과 및 안과 수술기구 명칭 및 용도 이해하기	- 치과 및 안과 수술 시 사용 기구
6	봉합도구 명칭 및 용도 이해하기	- 봉합재료의 종류 및 용도, 봉합 방법의 이해
7	수술기구 팩 준비하기	- 수술의 종류에 따른 수술팩(수술기구 및 거즈, 수술포, 수술복 등) 및 특수멸균포장팩 만들기
8	멸균기의 이해 및 수술기구 멸균하기	- 멸균기의 종류 및 특징 - 멸균기를 이용하여 준비한 수술팩 및 멸균포장팩 멸균하기
9	수술실의 구성 이해 및 관리하기	- 수술실 위생관념에 따른 이용방법 및 관리방법(소독) - 수술관련 기기별 이용방법 및 관리방법
10	마취기 호흡회로의 이해 및 마취기 관리하기	- 마취기 세부명칭 파악 - 마취기 조작 및 관리방법
11	마취 시 생체정보의 이해 및 모니터링 하기	- 모니터기 조작 및 모니터링
12	기관내관 및 후두경 사용 이해하기	- 기관내관 및 후두경 사용방법 - 삽관 및 발관 연습

주차	학습 목표	학습 내용
13	비멸균보조자의 수술준비하기	- 동물환자 준비(마취 준비&도입, 삭모, 술부소독, 수술자세 보정 등) 및 마취모니터링 기록
14	멸균보조자의 수술준비하기	- 무균적 멸균기구 전달 등 수술 전 준비 확인 - 수술마스크, 수술모자, 수술가운 착용법
15	멸균보조자의 수술보조 역할 이해하기	- 술자에게 필요한 기구의 정확한 전달 숙지 - 수술별 수술보조자의 보조술기학습
16	마취회복 시 동물환자 간호하기	- 술부 소독, 환자이름 부르기, 눈꺼풀반사, 삼킴반응 등 확인, 지간부사이 꼬집기 반응 확인
17	수술 후 동물환자 간호하기	- 통증관리, 술부 보호(엘리자베스 칼라, 스타키넷 등) - 배변, 배뇨, 식욕 및 섭식량 확인 - 환자 vital sign(체온, 맥박, 호흡 등) 체크 및 기록
18	수술 후 물질 및 수술기구 관리하기	- 수술기구 세척 및 린넨류 세탁 및 정리
19	붕대법 및 창상관리하기	- 술부 관찰 및 소독(드레싱), 밴디지 교체하기 - 지혈법 및 배액법 - 보호자 교육
20	물리치료 및 재활운동 적용하기	- 외과적 질환의 물리치료 - 외과 수술 후의 재활치료 - 보호자 교육

차례

PART 04

동물환자 수술 전 준비 및 수술 보조

PART 05

동물환자 수술 후 간호 및 관리

PART 06

창상관리 및 물리치료 · 재활운동

동물보건 실습지침서

동물보건외과학 실습

박영story

학습목표

- 일반외과 질환별 증상 및 징후를 이해하여 주의점 등에 대해 설명하고 동물환자 보호자 응대를 할 수 있다.
- 정형외과, 신경외과, 치과, 안과 등 질환별 증상 및 징후를 이해하여 주의점 등에 대해 설명하고 동물환자 보호자 응대를 할 수 있다.

PART 01

동물외과질환의 이해 및 동물환자 보호자 응대

01

일반외과 질환별 이해 및 동물환자 보호자 응대

실습개요 및 목적

일반외과 질환별 증상 및 징후 등을 이해하여 수의사 처방 치료방법, 수술 진행과정 및 주의점 등에 대해 동물환자 보호자에게 이해가 되도록 쉽게 풀어서 설명해 봄으로써, 동물보건의료 외과간호 및 수술보조 능력을 갖춘 동물보건사의 역량을 함양한다.

실습준비물

개 · 고양이 골격 · 근육모형, 동물병원 차트 프로그램		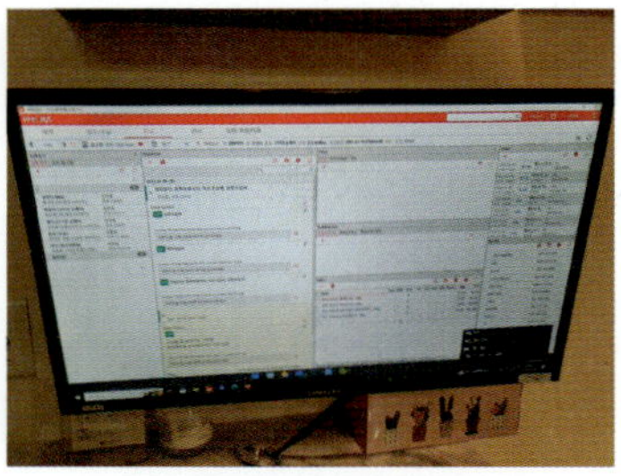
개 · 고양이 장기모형	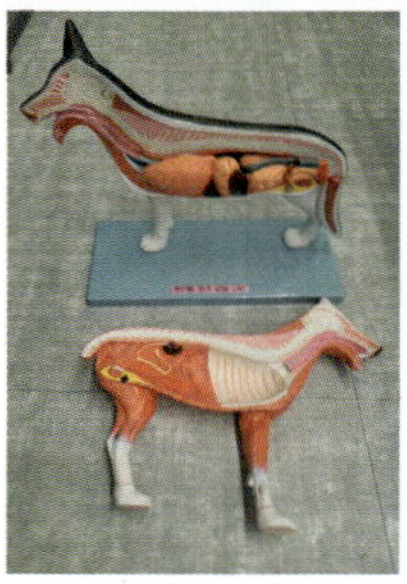	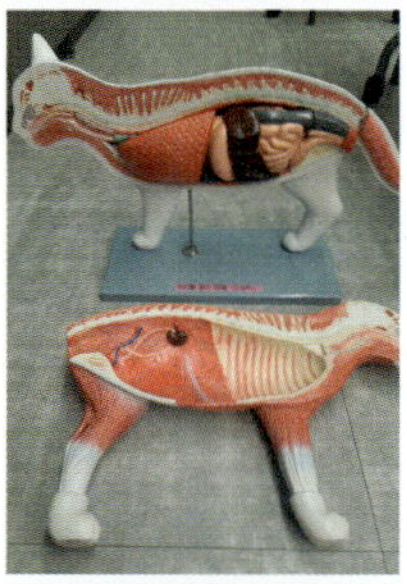
개 · 고양이 피부, 귀 모형	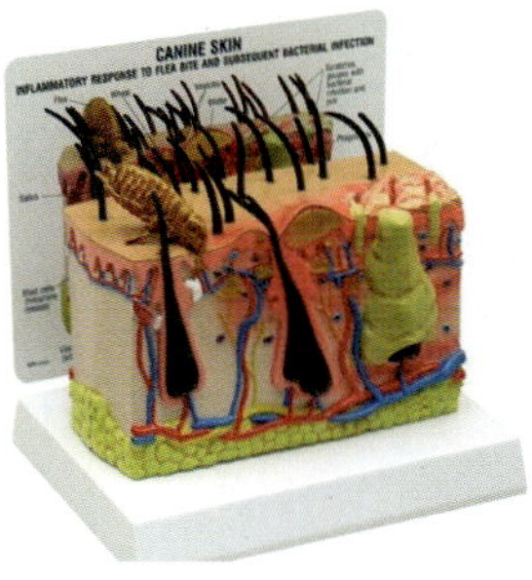	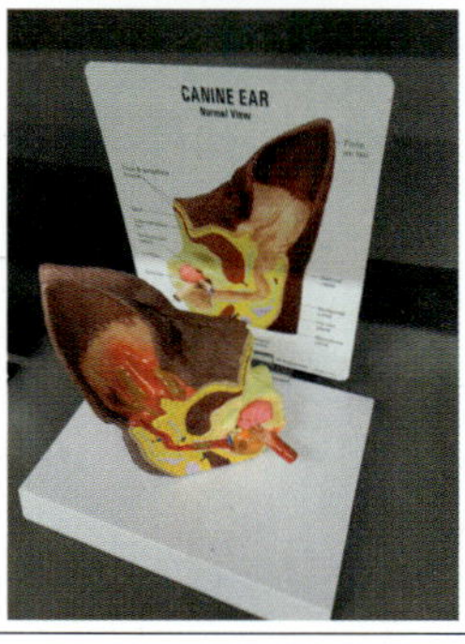

실습방법

1. 동물의 일반외과 질환에 대해 학습한다.

2. 수술이 필요한 일반외과질환의 수술법에 대해 학습한다.
   (1) 피부봉합
   - 신생물(Neoplasia) 수술
   - 파열(항문낭염 파열(anal sac rupture) 등) 및 교상(bite wound) 수술

   (2) 소화기계수술
   - 탐색적 개복술(Abdominal Exploratory Surgery)
   - 위내 이물과 위절개술(Gastric Foreign Bodies and Gastrotomy)
   - 장내 이물과 장절개술(Intestinal Foreign Bodies and Enterotomy)
   - 장폐색, 장중첩, 탈장 등으로 인한 장 절제 및 문합(Intestinal Resection and Anastomosis)
   - 위 확장과 염전(Gastric Dilation and Volvulus)의 위고정술(Gastropexy) 수술

   (3) 순환기계 수술
   - 간문맥전신단락증(Portosystemic Shunt, PSS) 수술
   - 동맥관개존증(Patent Ductus Arteriosus, PDA) 수술

   (4) 비뇨기계 수술
   - 방광절개술(Cystotomy)
   - 요도절개술(Urethrotomy)

   (5) 생식기계 수술
   - 난소자궁적출술(Ovariohysterectomy)
   - 자궁축농증(Pyometra) 수술
   - 제왕절개술(Cesarean Section)
   - 고환절제술(Orchiectomy, Castration, 잠복고환(cryptorchidism) 수술)

   (6) 귀 수술
   - 귀 혈종 복원(Aural Hematoma Repair) 수술
   - 외이도 절제술(Lateral Ear Canal Resection)

3. 일반외과 질환의 증상 및 징후, 수의사 처방 치료방법, 수술진행과정 및 수술 후 주의점 등을 동물환자 보호자에게 이해가 되도록 쉽게 풀어서 설명해 본다.

4. 수술을 예정하는 보호자의 예상 질문을 만들고 모범 답변을 만들어 보호자교육 상황을 연습한다.

실습 일지

실습 날짜	. . .

실습 내용	
토의 및 핵심 내용	

교육내용 정리

02

정형외과, 신경외과, 치과, 안과 등 질환별 이해 및 동물환자 보호자 응대

실습개요 및 목적

외과적 처치가 필요한 정형외과, 신경외과, 치과, 안과 등 질환별 증상 및 징후 등을 이해하여 수의사 처방 치료방법, 수술 진행과정 및 주의점 등에 대해 동물환자 보호자에게 이해가 되도록 쉽게 풀어서 설명해 봄으로써, 동물보건의료 외과간호 및 수술보조 능력을 갖춘 동물보건사의 역량을 함양한다.

실습준비물

<table>
<tr><td rowspan="2">개 · 고양이
골격 · 신경모형</td><td></td><td>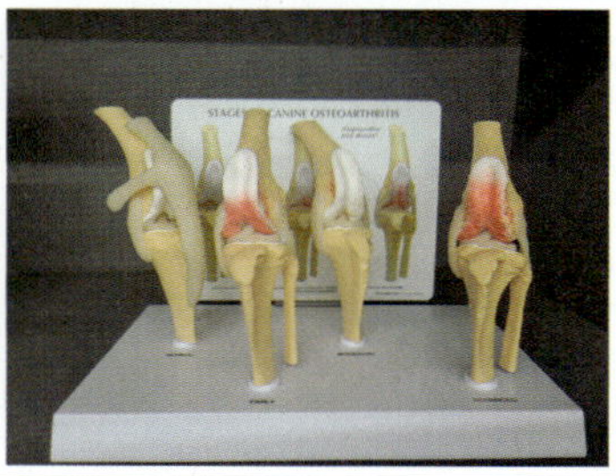</td></tr>
<tr><td>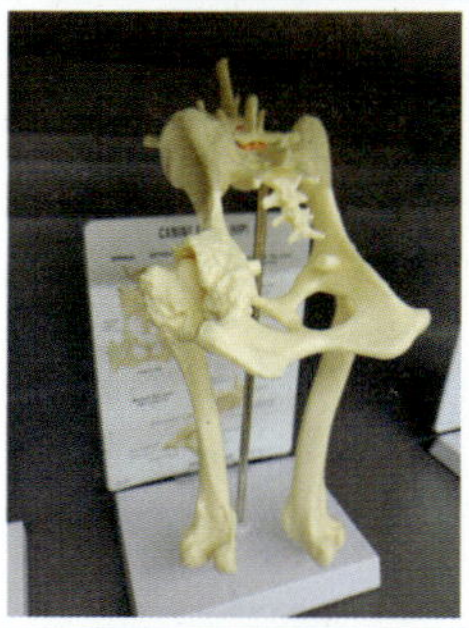</td><td>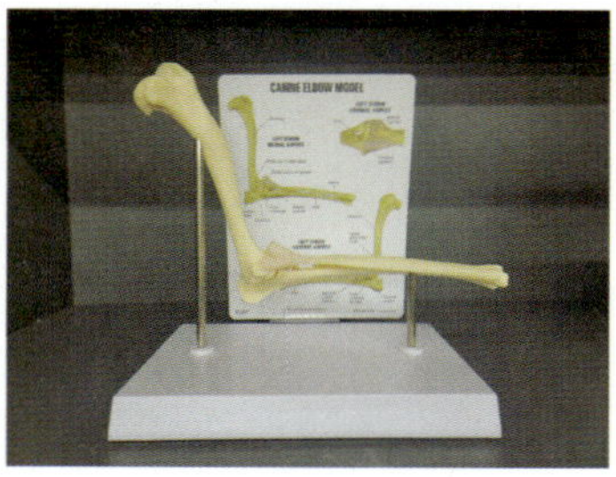</td></tr>
<tr><td>개 · 고양이
구강모형</td><td>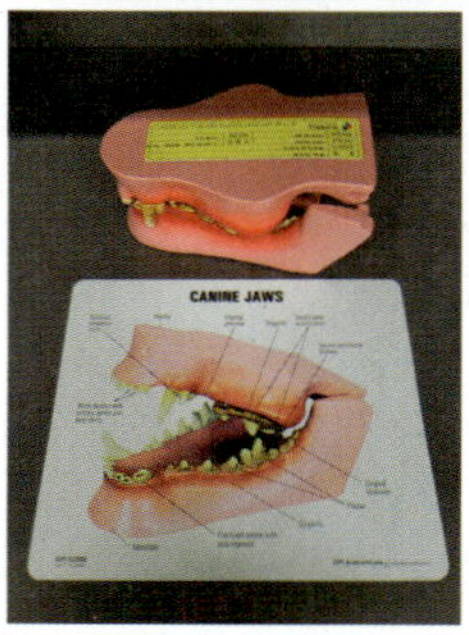</td><td>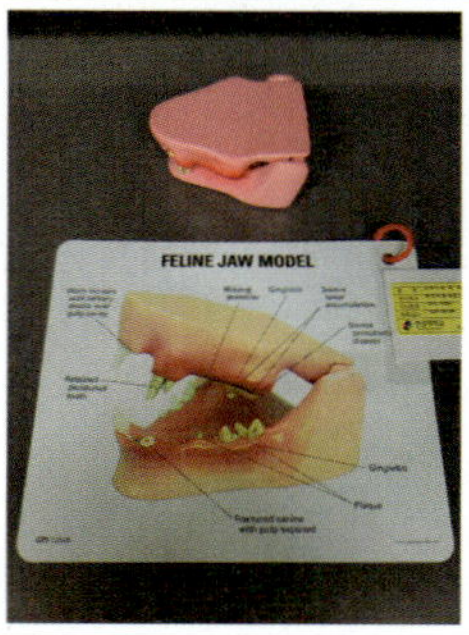</td></tr>
</table>

개 · 고양이 안구모형, 동물병원 차트 프로그램		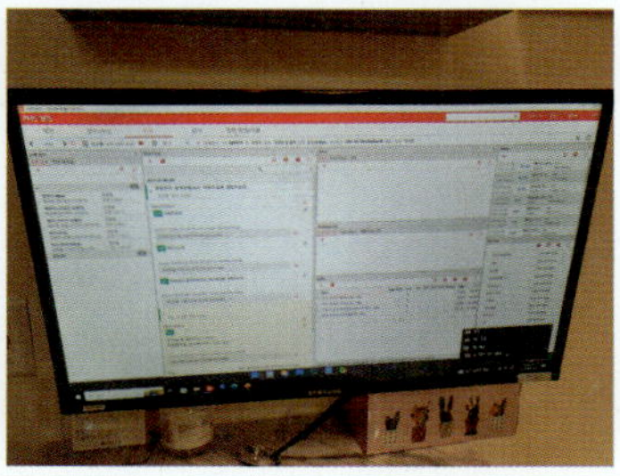

실습방법

1. 동물의 정형 · 신경외과, 치과, 안과 질환에 대해 학습한다.

2. 수술이 필요한 정형 · 신경외과, 치과, 안과 질환의 외과적 수술법에 대해 학습한다.
   (1) 정형외과
   - 골절수술 전 고려사항(Preoperative Considerations for Fractures)
   - 골절평가(Fracture Assessment)
   - 슬개골탈구(Patella Luxation) 수술
   - 고관절이형성(Hip Dysplasia) 수술
   - 전십자인대단열(Cranial Cruciate Ligament Rupture, CCLR) 수술
   - 단각술(Amputation)
   - 발톱절제술(Onychectomy)

   (2) 신경외과
   - 추간판탈출증(Intervertebral Disc Disease, IVDD) 수술
   - 수두증(Hydrocephalus) 수술

   (3) 치과 수술
   - 스케일링(Tooth scaling)
   - 발치(Exodontia)
   - 레진 치료(Resin Filling)

   (4) 안과 수술
   - 안검 종괴 제거술(Eyelid mass(neoplasm) removal)
   - 제3안검선 탈출증(Prolapse of the gland of the third eyelid) 수술
   - 안검판봉합술(Tarsorrhaphy)
   - 안구적출술(Enucleation)
   - 백내장(Cataract) 수술
   - 안검내번증 교정술(Entropion repair)

   (5) 최소 침습적 수술(Minimally Invasive Surgery)
   - 생검 및 종양 제거(Biopsy and Mass Removal)
   - 레이저 수술(Laser Surgery)
   - 복강경 검사(Laparoscopy)
   - 내시경 검사(Endoscopy)

3. 정형 · 신경 외과, 치과, 안과 질환의 증상 및 징후, 수의사 처방 치료방법, 수술진행과정 및 수술 후 주의점 등을 동물환자 보호자에게 이해가 되도록 쉽게 풀어서 설명해 본다.

4. 수술을 예정하는 보호자의 예상 질문을 만들고 모범 답변을 만들어 보호자교육 상황을 연습한다.

실습 일지

실습 날짜	. . .

실습 내용	
토의 및 핵심 내용	

교육내용 정리

메모

학습목표

- 일반외과, 정형외과, 신경외과, 치과, 안과 등의 수술기구 명칭 및 용도를 이해할 수 있다.
- 봉합도구 명칭 및 역할을 이해할 수 있다.
- 수술별 수술기구 팩을 준비할 수 있다.
- 멸균기를 관리하며, 수술기구별 적합한 멸균법에 따라 멸균할 수 있다.

PART

02

수술기구의 용도와 멸균

03

일반외과 수술기구 명칭 및 용도 이해

실습개요 및 목적

일반외과 수술기구 종류별 명칭, 용도 및 특징을 이해하여, 설명하고 시연해 봄으로써 수술이 안전하고 효과적으로 원활하게 진행될 수 있도록 전문적인 수술보조 능력을 함양한다.

실습준비물

수술용 매스, 매스대,	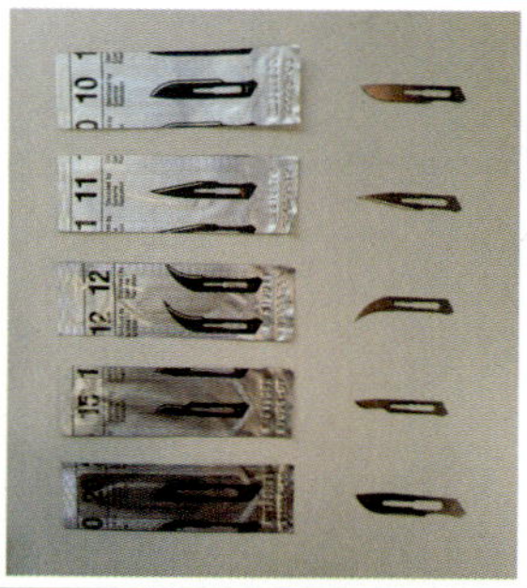	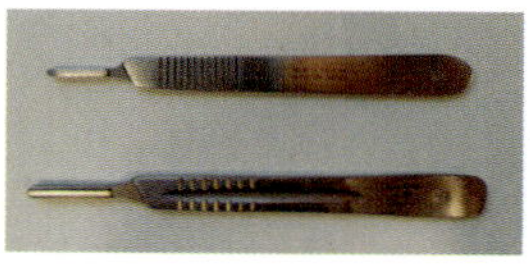
겸자	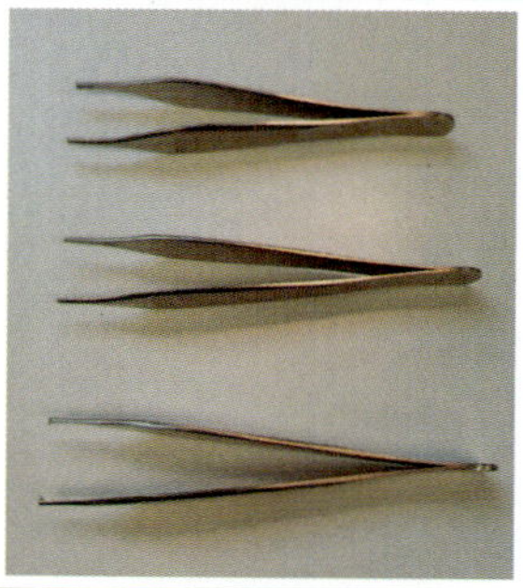	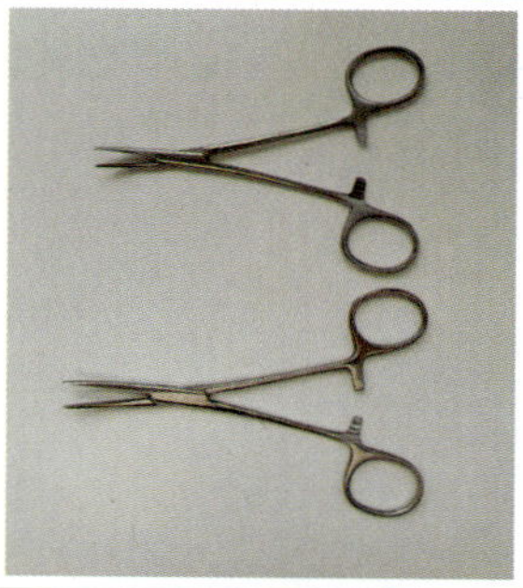
니들 홀더, 수술용 가위	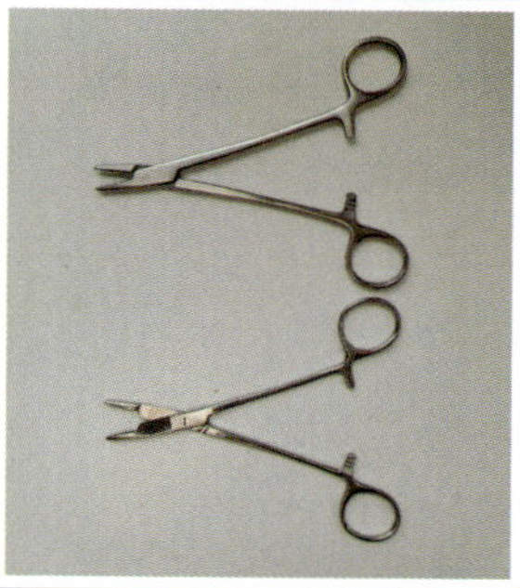	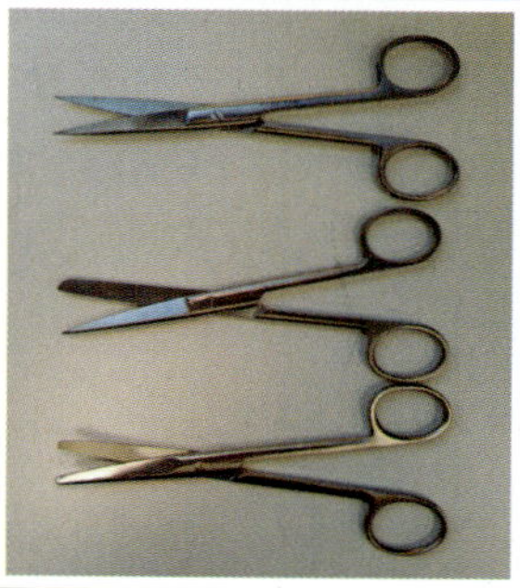

리트렉터		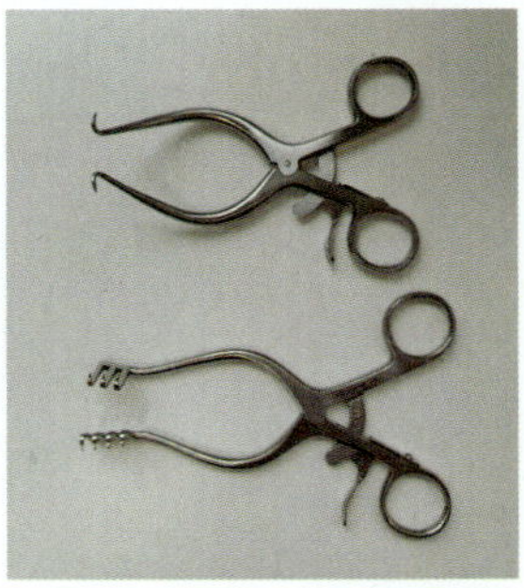

실습방법

1. 일반외과 수술기구를 용도별로 분류한다.
   (1) 수술용 매스(Surgical Blades): No.10, 11, 12, 15, 20, 21, 22 등
   (2) 매스대(Blade Holder): No.3, 4
   (3) 수술용 가위(Surgical Scissors): 만곡형(curved), 직선형(straight), 부드러운 날(blunt), 뾰족한 날(sharp), Mayo, Metzenbaum
   (4) 겸자(Forceps)
   ① 해부 겸자(Dissecting Forceps): Dressing, Thumb(Adson-Tissue, Adson-Dressing, Adson-Brown)
   ② 지혈 겸자(Hemostat Forceps): Mosquito, Kelly, Crile, Rochester-Carmalt, Rochester-Ochsner
   ③ 조직 겸자(Tissue Forceps): Allis, Babcock, Intestinal(Mayo Robson, Doyen)
   ④ 타월 겸자(Towel Clamps): Backhaus, Lorna Edna
   (5) 니들 홀더(Needle Holder, 지침기): Mayo-Hegar, Isen-Hegar, Mathieu, Halsey
   (6) 리트렉터(Retractors, 견인기&개창기): Senn, Ragnell, Lahey, Gelpi, Weitlaner
   (7) 기타: Hooks, Fraizier suction irrigation tips

2. 일반외과 수술기구 명칭과 용도 및 특징을 이해한다.

3. 일반외과 수술기구를 설명해 보고 수술보조 시 사용할 수 있도록 연습한다.

실습 일지

실습 날짜	. . .

실습 내용	
토의 및 핵심 내용	

교육내용 정리

04

정형외과 및 신경외과 수술기구 명칭 및 용도 이해

실습개요 및 목적

정형외과 및 신경외과 수술기구 종류별 명칭, 용도 및 특징을 이해하여, 설명하고 시연해 봄으로써 수술이 안전하고 효과적으로 원활하게 진행될 수 있도록 전문적인 수술보조 능력을 함양한다.

실습준비물

<table>
<tr><td rowspan="2">정형외과
및
신경외과
수술기구</td><td>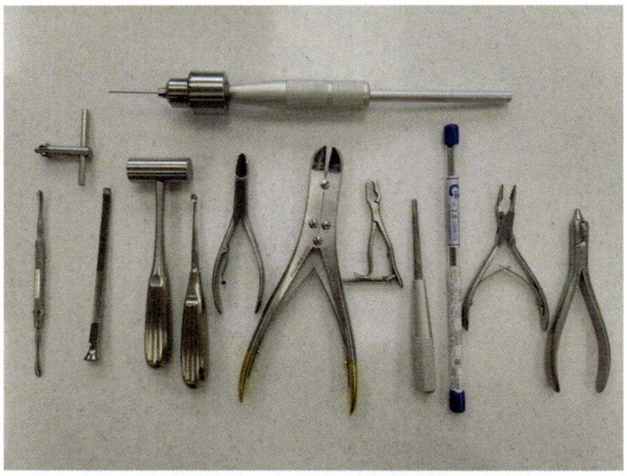</td></tr>
<tr><td>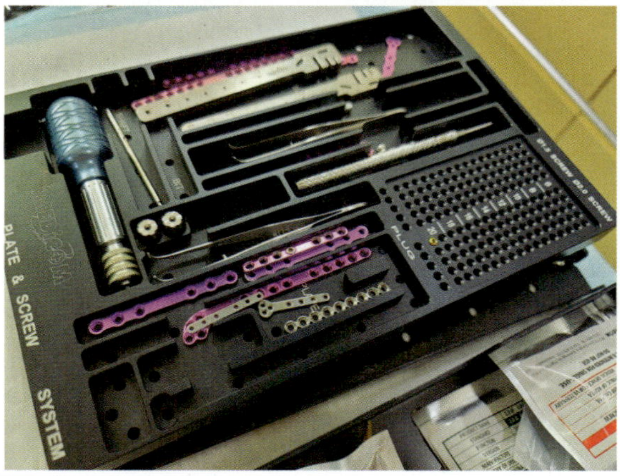
</td></tr>
</table>

실습방법

1. 정형외과 및 신경외과 수술기구를 용도별로 분류한다.
   정형외과 기구(Orthopedics instruments) 및 신경외과기구(Neurosurgery instruments): wire, pin, bone plate, bone rongeur, bone forceps, bone cutter, curettes, depth gauge, Jacobs hand chuck and key, Hohmann retractor, AO reduction forceps, Lane bone-holding forceps, surgical chisels and hoes, mallet, bone cutting forceps, bandage scissors, spencer stitch scissors, wire cutter scissors 등

2. 정형외과 및 신경외과 수술기구 명칭과 용도 및 특징을 이해한다.

3. 정형외과 및 신경외과 수술기구를 설명해 보고 수술보조 시 사용할 수 있도록 연습한다.

실습 일지

실습 날짜	. . .

실습 내용	
토의 및 핵심 내용	

교육내용 정리

05

치과 및 안과 수술기구 명칭 및 용도 이해

실습개요 및 목적

치과 및 안과 수술기구 종류별 명칭, 용도 및 특징을 이해하여, 설명하고 시연해 봄으로써 수술이 안전하고 효과적으로 원활하게 진행될 수 있도록 전문적인 수술 보조 능력을 함양한다.

실습준비물

치과 수술 기구	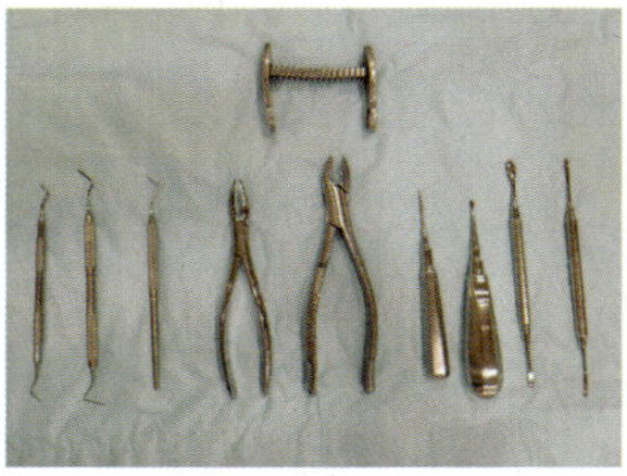	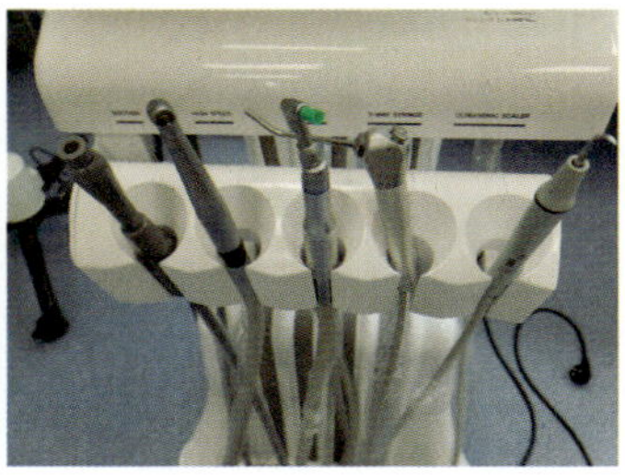
안과 마이크로 수술 기구	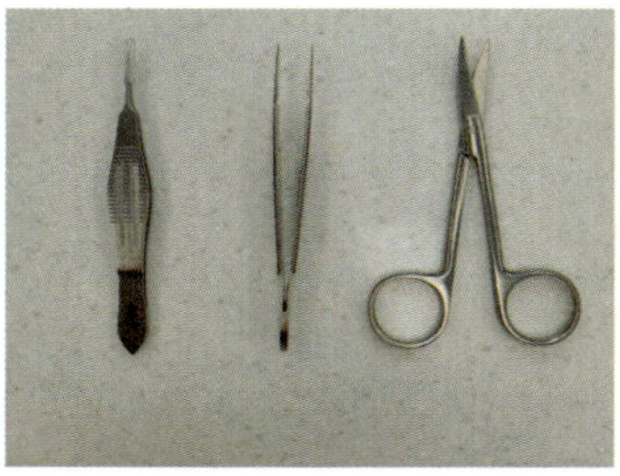	

실습방법

1. 치과 및 안과 수술기구를 용도별로 분류한다.
   Dental instruments(치과기구): scalers, surgical chisels and hoes, root elevator, root picker, periosteal elevator, dental curettes, extracting forceps, mouth gags 등

   Ophthalmic instruments(안과기구): surgical knives, Castroviejo suture forceps, Castroviejo needle holders, Bishop-Hartmon micro tissue forceps, tenotomy scissors, lacrimal cunnula, Iris scissors, Vannas scissors, lid speculums 등

2. 치과 및 안과 수술기구 명칭과 용도 및 특징을 이해한다.

3. 치과 및 안과 수술기구를 설명해 보고 수술보조 시 사용할 수 있도록 연습한다.

실습 일지

실습 날짜	. . .

실습 내용	
토의 및 핵심 내용	

교육내용 정리

06

봉합도구 명칭 및 용도 이해

실습개요 및 목적

봉합실 및 봉합바늘의 종류별 명칭, 용도 및 특징을 이해하고, 설명해 봄으로써 수술이 안전하고 효과적으로 원활하게 진행될 수 있도록 전문적인 수술보조 능력을 함양한다.

실습준비물

봉합침, 의료용 스테이플러	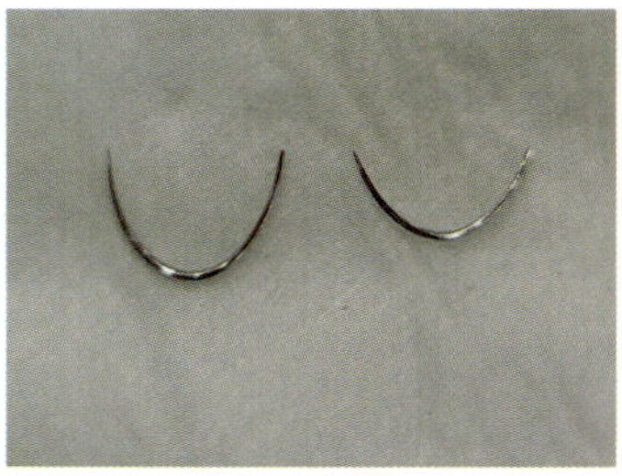	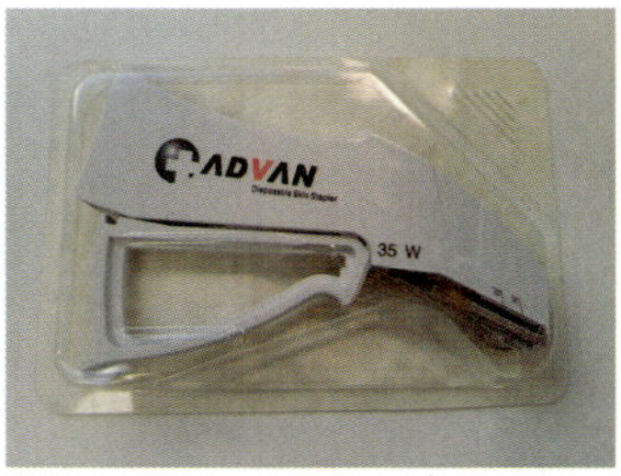
봉합사	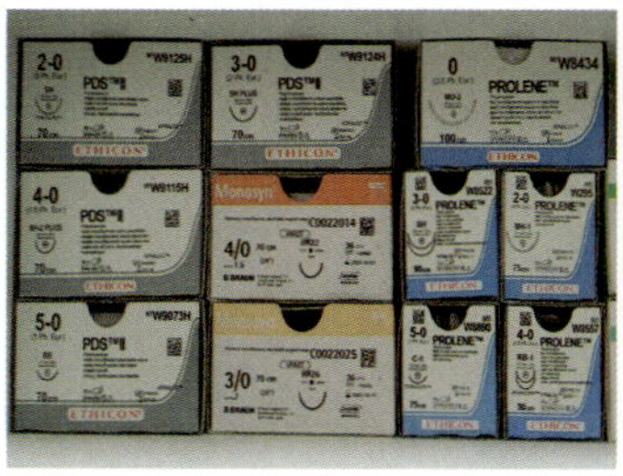	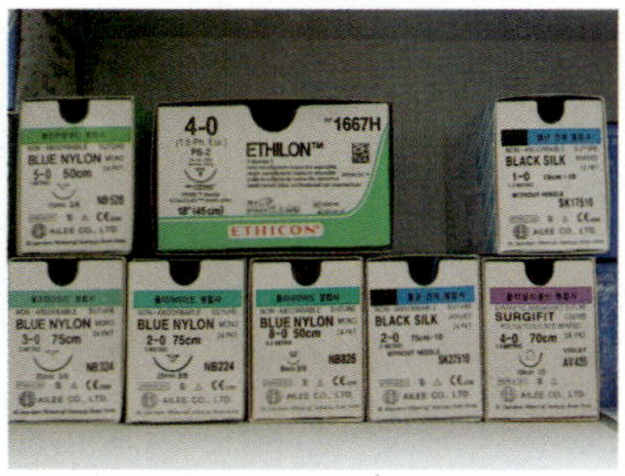

실습방법

1. 봉합도구를 용도별로 분류한다.
   1) 봉합침(환침, 각침)
   2) 봉합사
      ① 흡수성 봉합사
      surgical gut(Catgut), collagen과 polydioxanone(PDS suture), polyglactin 910(Vicryl), polyglycolic acid(Dexon) 등
      ② 비흡수성 봉합사
      silk, cotton, linen, stainless steel, nylon(Dafilon, Ethilon) 등
   3) 의료용 스테이플러

2. 봉합도구 명칭과 용도 및 특징을 이해한다.

3. 봉합도구를 설명해 보고 봉합도구를 설명해보고, 수술보조 시 사용할 수 있도록 연습한다.

실습 일지

실습 날짜	. . .

실습 내용	
토의 및 핵심 내용	

교육내용 정리

07

수술기구 팩 준비

실습개요 및 목적

수술별 수술기구 수술팩 특징 및 용도를 이해하여 설명하고, 수술기구, 거즈, 수술포, 수술가운 등을 넣은 수술팩 및 특수 멸균포장지를 이용한 밀봉포장팩 등을 만들어본다. 수슬기구 멸균 전의 준비과정을 실습해봄으로써 수술이 안전하고 효과적으로 원활하게 진행될 수 있도록 전문적인 수술보조 능력을 함양한다.

실습준비물

수술기구, 거즈	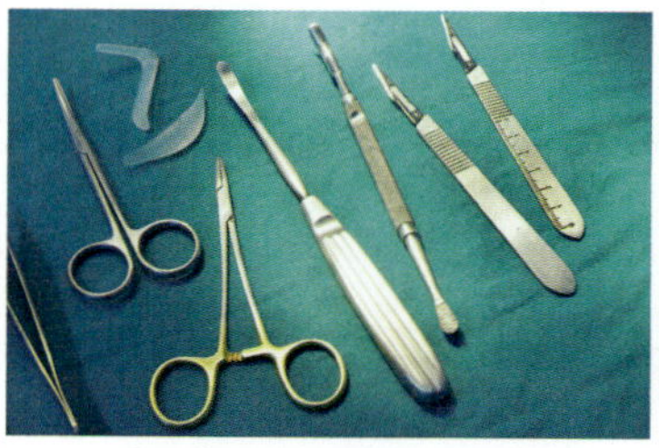	
밧드, 수술포		 
수술팩 포, 수술가운	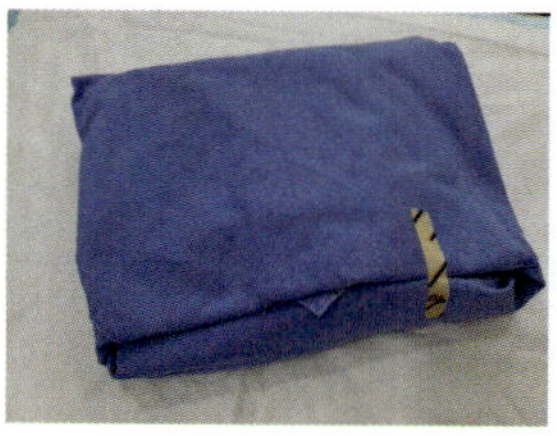	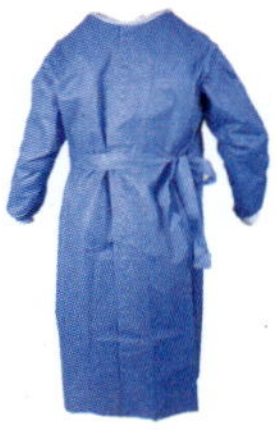

특수멸균포장지 및 특수멸균포장기, 멸균 표시 지시자	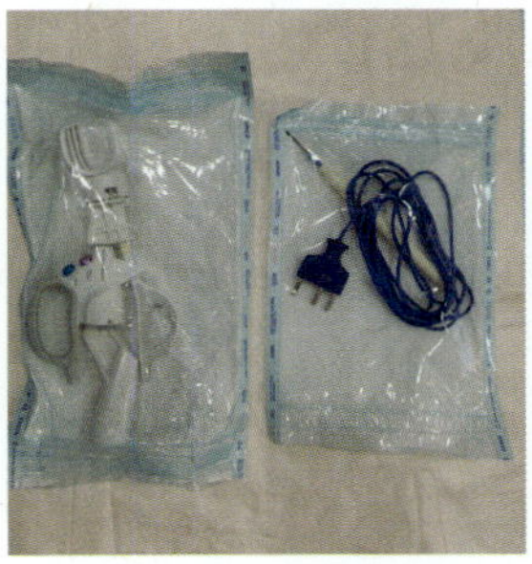	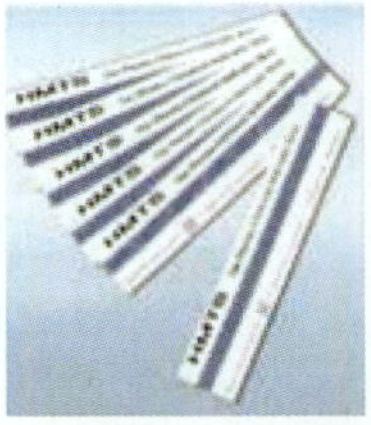 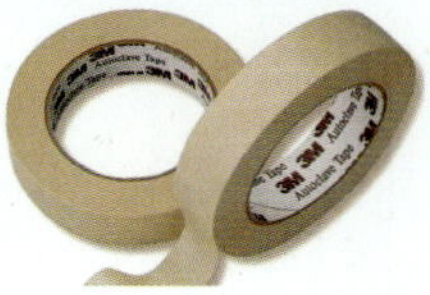

실습방법

1. 수술별로 수술 필수기구를 구분하여 분류한다.
2. 수술별 수술기구들을 밧드에 모아 수술기구 수술팩을 준비한다.
3. 수술포 접는 방법에 따라 접어서 준비한다.
4. 수술가운 접는 방법에 따라 접어서 준비한다.
5. 거즈, 수술포(드레이프, drapes), 수술가운 등을 넣고 패킹한다.
6. 특수 멸균포장지를 이용하여 수술기구별 적합한 밀봉포장팩을 준비한다.

실습 일지

실습 날짜	. . .

실습 내용	
토의 및 핵심 내용	

교육내용 정리

08

멸균기의 이해 및 수술기구 멸균

실습개요 및 목적

수술기구 멸균기별(고압증기멸균기, EO가스 멸균기, 플라즈마 멸균기) 용도 및 특징을 설명해 본다. 또한 Chapter 7에서 준비한 수술팩과 멸균포장팩을 각 용도에 맞는 멸균기를 이용하여 멸균을 실시한다. 실제 멸균기를 작동해 보고 멸균기 작동 및 멸균기기의 일상관리가 가능하도록 실습해 봄으로써 수술이 안전하고 효과적으로 원활하게 진행될 수 있도록 전문적인 수술보조 능력을 함양한다.

실습준비물

수술팩, 멸균포장팩	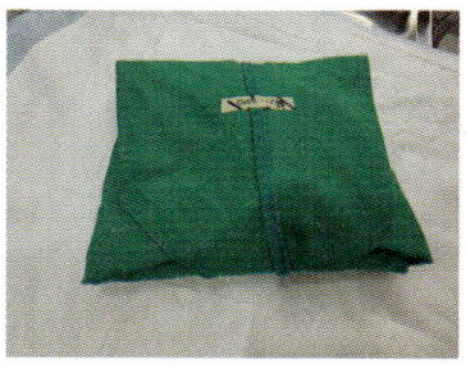 	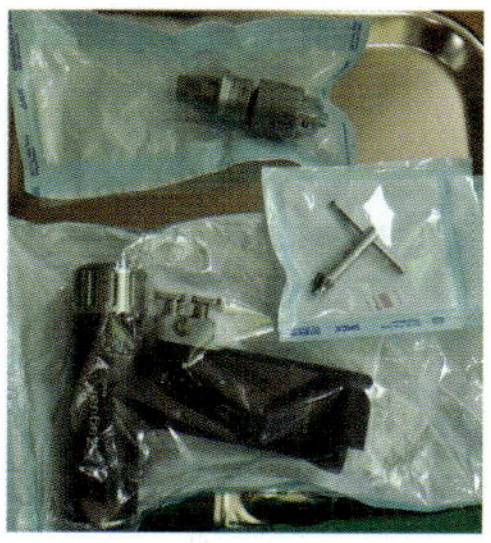
오토클레이브 기기	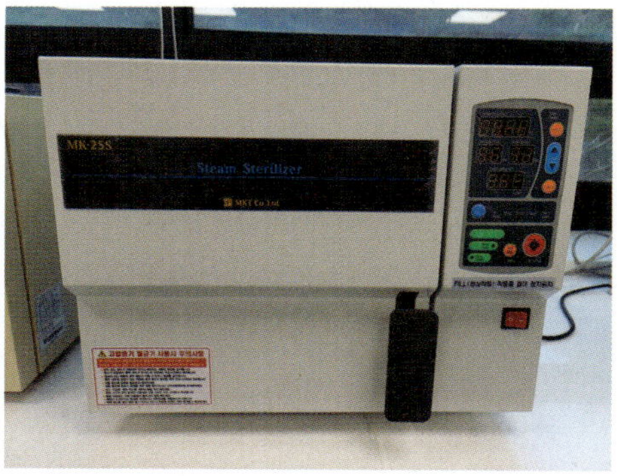	

EO 가스 멸균기	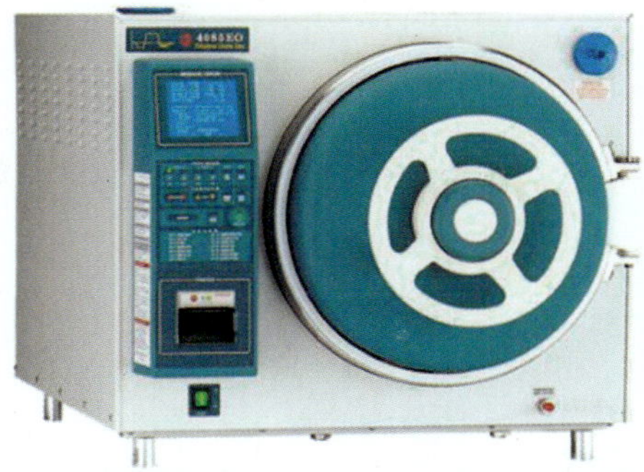
플라즈마 멸균기	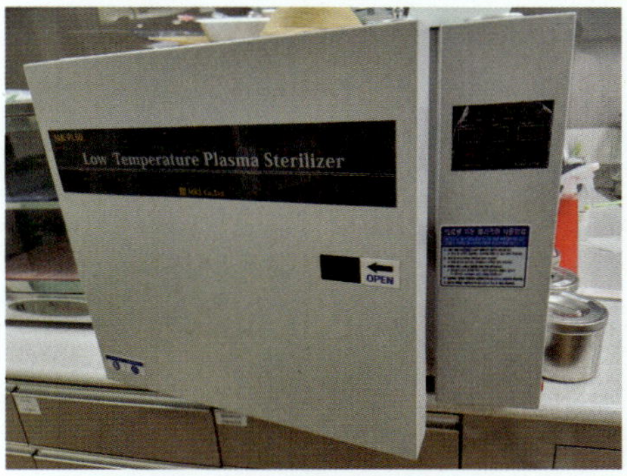

실습방법

1. 수술기구 멸균기별(고압증기멸균기, EO가스 멸균기, 플라즈마 멸균기) 용도 및 특징을 학습한다.
2. 수술기구 멸균기별 용도 및 특징을 설명해 본다.
3. Chapter 7에서 준비한 수술기구팩과 멸균포장팩을 각 용도에 맞는 멸균기를 이용하여 멸균을 실시한다.
4. 멸균 표시 지시자를 확인하고 멸균 완료된 멸균팩을 건조시킨 후, 수술준비실 및 수술방 캐비넷에 옮겨둔다.
5. 멸균기기의 일상관리법을 숙지한다.

실습 일지

실습 날짜	. . .

실습 내용	
토의 및 핵심 내용	

교육내용 정리

학습목표

- 수술실의 구성을 이해하고 수술관련 기기 관리를 할 수 있다.
- 마취기 호흡회로를 이해하고 마취기 관리를 할 수 있다.

PART 03

동물병원 수술실 구성의 이해 및 수술관련 기기 관리

09

수술실의 구성 이해 및 기기 관리

실습개요 및 목적

수술준비실, 스크럽 구역, 수술방으로 이루어진 수술실의 구성을 이해하고 수술관련 기기의 용도 및 특징을 설명해 본다. 또한 실제 수술관련 기기를 작동해 봄으로써 기기 관리를 실습할 수 있으며, 수술실의 일상관리 연습을 통해 수술이 안전하고 효과적으로 원활하게 진행될 수 있도록 전문적인 수술보조 능력을 함양한다.

실습준비물

수술대, 생체모니터링기	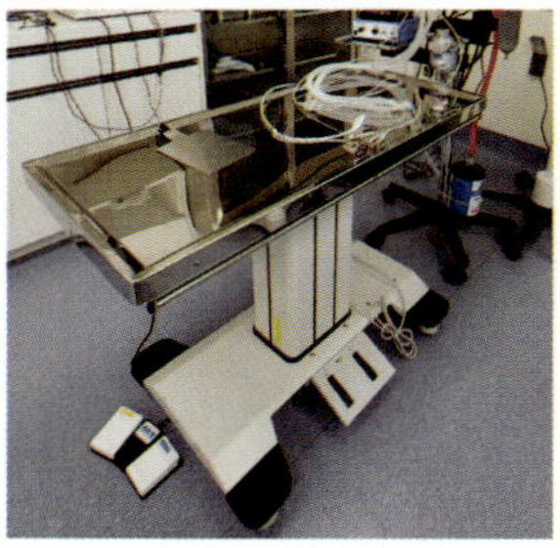	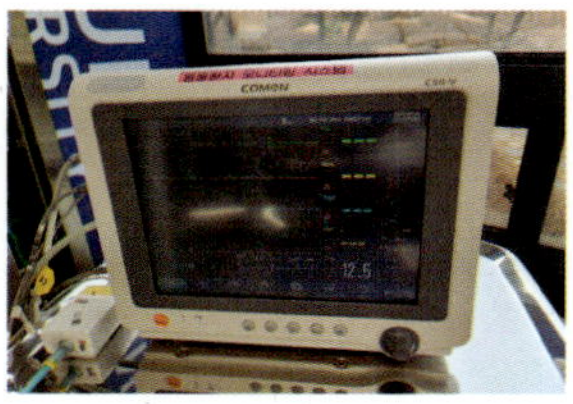
석션기, 무영등		
Bair Hugger 혹은 보온패드	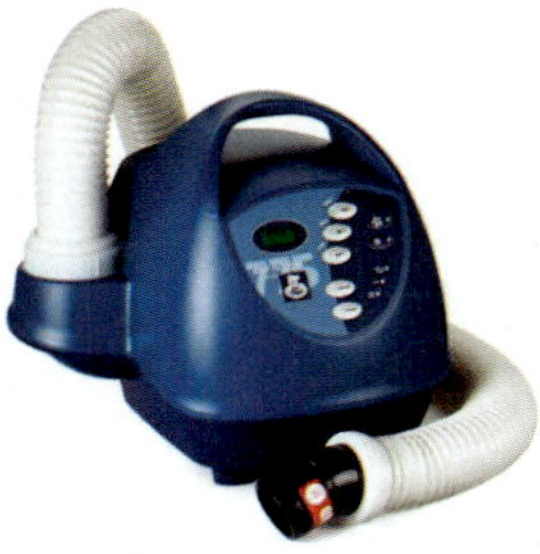	

C-arm, 호흡마취기 및 부속기구	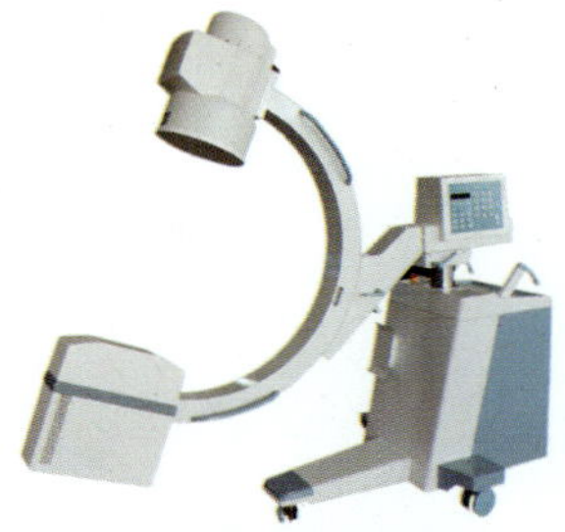	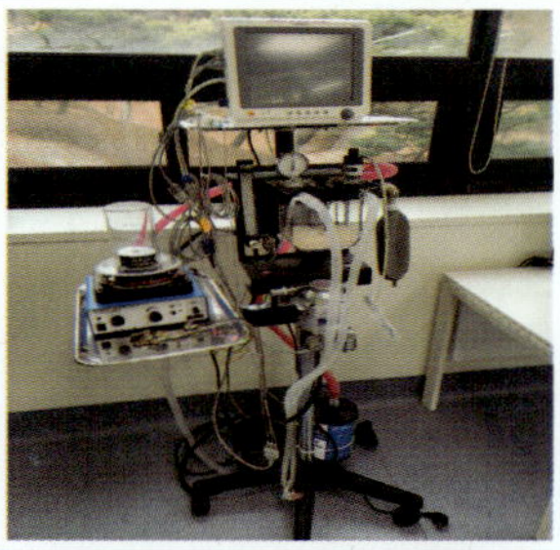
전기메스, 내시경	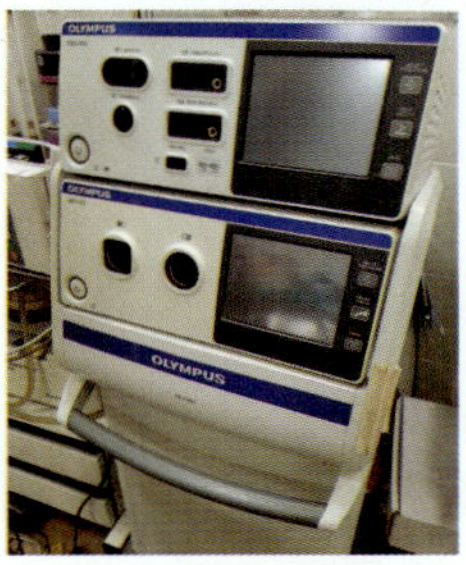	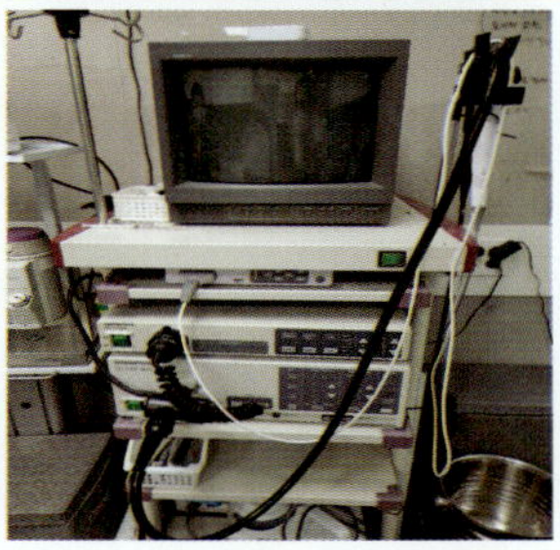

실습방법

1. 수술실(수술준비실, 스크럽 구역, 수술방)의 구성 및 특징을 이해하고 수술 관련 기기의 용도 및 특징을 파악하고 수술실 일상 관리방법을 학습한다.
   (1) 수술실 기기
   ① 수술대 ② 무영등 ③ 마취기 ④ 모니터링기 ⑤ 보온패드(water, air) ⑥ 전기메스(보비, 바이폴라) ⑦ 석션기 ⑧ C-arm ⑨ 내시경 ⑩ 복강경 등
   (2) 수술실의 일상관리
   - 수술실 청소스케쥴 계획
   - 수술실 전용 가운과 모자, 마스크 구비 체크
   - 수술실에 수납된 필요 약품과 수술물품을 파악하고 부족한 것을 채워놓기
   - 수술포와 가운 등은 세탁한 후 건조하여 보관함에 정리
   - 수술에 사용된 수술기구를 세척 및 멸균하여 정리
   - 수술실, 수술대, 수술 관련 기기의 정기적인 정리 및 청소(수술방 전용 청소도구 구비)
   - 소독제를 사용하여 수술실 바닥 청소
   - 의료폐기물 관리
   - 마취기 등의 중요 기기들이 정상적으로 작동하는지 확인
   - 모든 기기를 사용하기 수월하도록 세팅
   - 수술방의 문은 청소할 때를 제외하고는 항상 닫아두기

2. 수술 관련 기기를 작동해 보면서, 기기의 용도에 대해 설명해 본다.

실습 일지

실습 날짜	. . .

실습 내용	
토의 및 핵심 내용	

교육내용 정리

10

마취기 호흡회로의 이해 및 마취기 관리

실습개요 및 목적

호흡마취기를 구성하고 있는 세부를 이해하고, 마취기 호흡회로 및 마취기를 이용한 마취과정 흐름을 이해하고 이를 설명해 본다. 또한 실제 마취기를 작동하고, 누출유무를 확인하여 마취기 작동 및 마취기 일상관리가 가능하도록 실습해 봄으로써, 수술이 안전하고 효과적으로 원활하게 진행될 수 있도록 전문적인 수술보조 능력을 함양한다.

실습준비물

호흡마취기 및 부속기구, 생체모니터링기	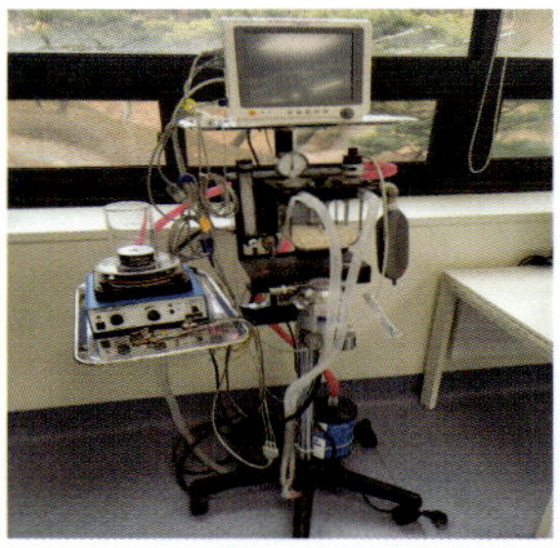	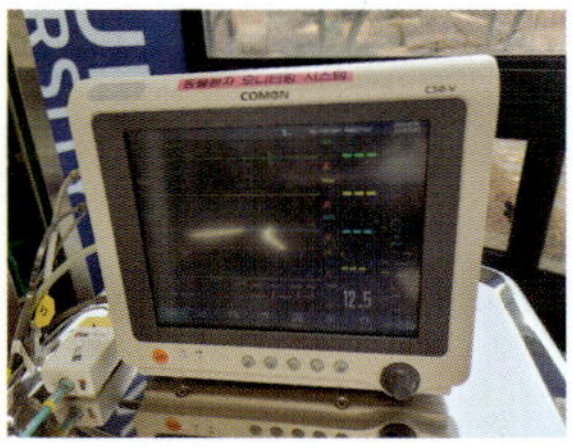
산소, 호흡마취약		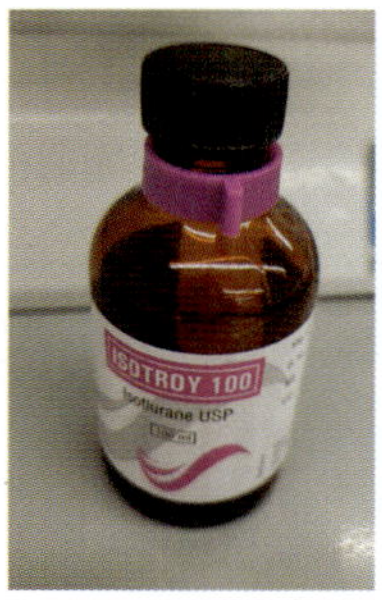

실습방법

1. 호흡마취기 세부구성과 그 용도 및 특징에 대해 학습한다.
   - 산소통(oxygen cylinder)
   - 산소통 압력 게이지(tank pressure gauge)와 감압 밸브(pressure-reducing valve)
   - 마취기 본체
   - 기화기(vaporizer)
   - 유량계(flow meter)
   - 회로내 압력계(pressure manometer)
   - 산소 플러시 밸브(oxygen flush valve)
   - APL밸브(배기밸브), pop-off 밸브(pop-off valve)
   - 주름관(corrugated tube)
   - 캐니스터(canister)/이산화탄소 흡수제(carbon dioxide absorber)
   - 호흡 백(rebreathing bag)
   - 환자 감시 모니터

2. 마취기 호흡회로 및 마취과정 흐름을 이해하고 이를 설명해 본다.

3. 마취기를 작동하고, 누출유무 등을 확인하여 수술 전 준비를 한다.

4. 마취기의 일상관리법을 숙지한다.

실습 일지

실습 날짜	. . .

실습 내용	
토의 및 핵심 내용	

교육내용 정리

학습목표

- 동물의 기본적인 생체정보를 숙지하고, 마취 시 모니터링 정보를 이해하기
- 기관튜브와 후두경의 사이즈 선택의 기준과 유의점을 이해하기
- 수술 전 동물환자의 준비사항을 체크하고 준비하기
- 비멸균보조자와 멸균보조자의 수술 시 보조적인 역할을 이해하기
- 멸균보조자의 수술 보조 시 역할을 이해하기

PART 04

동물환자 수술 전 준비 및 수술 보조

11

마취 시 생체정보 및 모니터링의 이해

실습개요 및 목적

동물환자의 마취 시에 생체정보가 모니터링기기에 표시될 수 있도록 센서들을 부착하여야 하며 정상 생체정보를 숙지한 상태에서 지표가 되는 심박수, 호흡수, 혈압, 산소포화도, 체온, 이산화탄소 분압 등의 마취 시에 모니터링 기기에 표시되는 항목을 리딩할 수 있어야 하며, 5~15분 간격으로 마취기록카드에 기록을 하여야 한다.

실습준비물

개 고양이 모형 (개, 고양이)	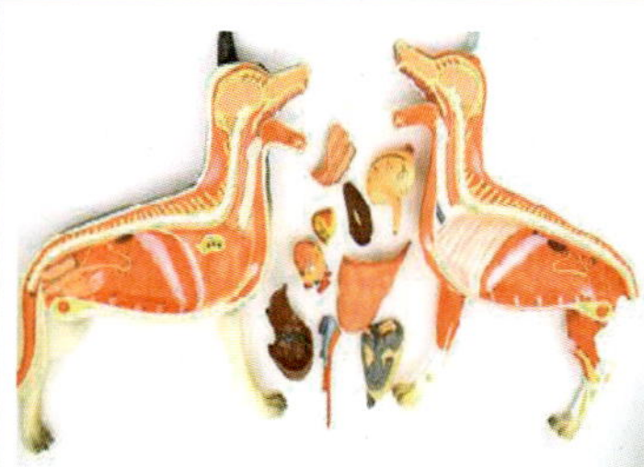	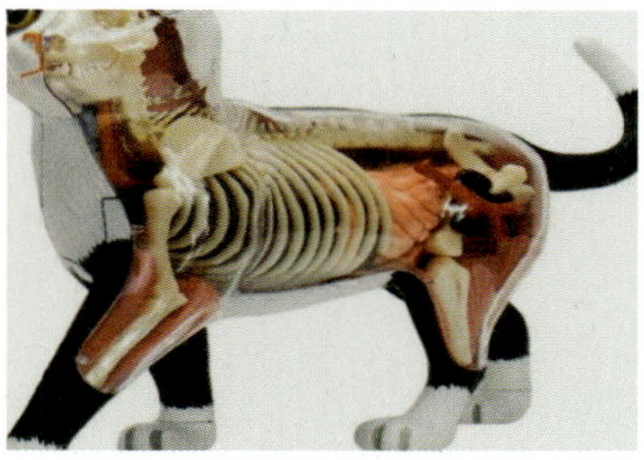
체온계, 청진기	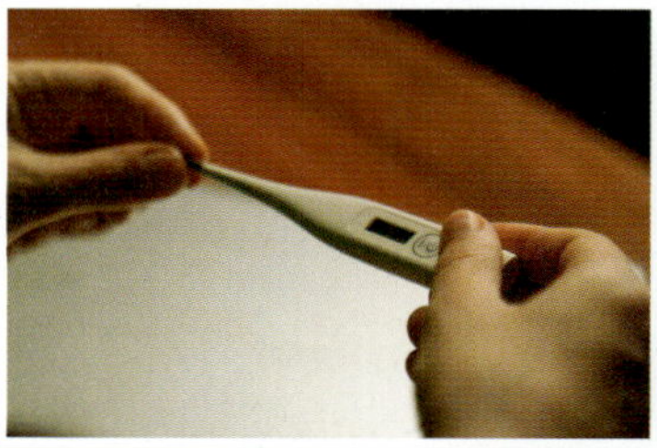	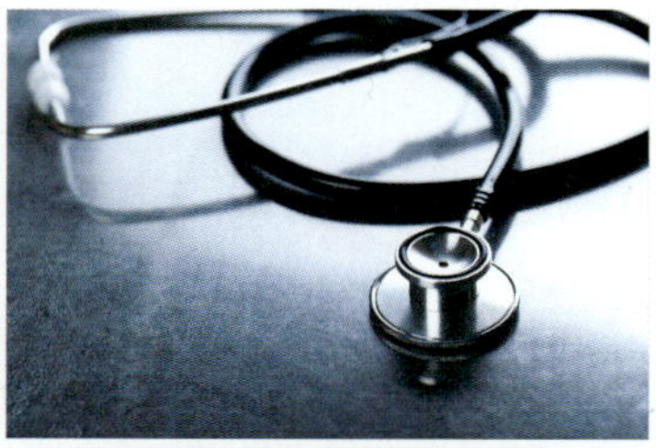
마취모니터링기기	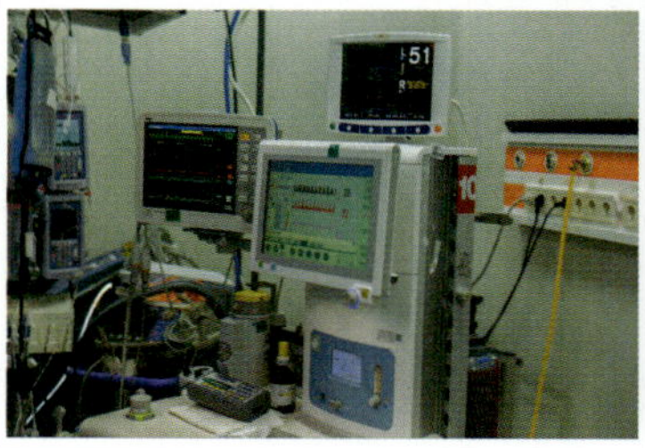	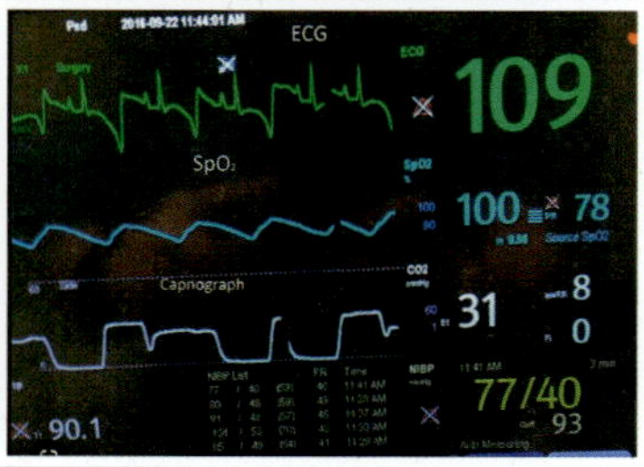

실습방법

1. 기관삽관 후에 모니터링 기기와 연동가능한 센서들을 동물환자에게 부착할 수 있어야 한다.
2. 순환 및 호흡상태의 지표가 되는 항목이 모니터링 기기로 송출이 정확히 되는지 파악하여야 한다.
3. 호흡수 및 호흡상태를 마취기기에 연결된 호흡백과 동물의 흉곽의 움직임을 함께 확인하여야 한다.
4. 센서에 측정되는 산소포화도, 이산화탄소분압, 호흡수, 혈압, 체온 등을 확인하며 정상 수치들을 숙지해야 한다.
5. 기기에 표시되는 항목을 5~15분 간 마취기록카드로 기록을 주기적으로 하여야 한다.

실습 일지

실습 날짜	. . .

실습 내용	
토의 및 핵심 내용	

교육내용 정리

12

기관튜브와 후두경 사용의 이해

실습개요 및 목적

동물환자의 기관튜브의 사이즈를 결정하기 위해 수술 전에 촬영하였던 영상이나 체중을 확인하여야 하고, 사이즈를 결정할 수 있어야 하며, 삽관하기 전에 커프에 공기를 주입하여 공기의 유출이 없는지 확인해야 한다. 또한 동물환자의 두상에 따른 후두경의 형태와 사이즈를 확인하여야 하며, 삽관 전에 준비하여 마취절차가 원활히 진행되도록 역량을 함량하여야 한다.

실습준비물

개 고양이 모형 (개, 고양이)	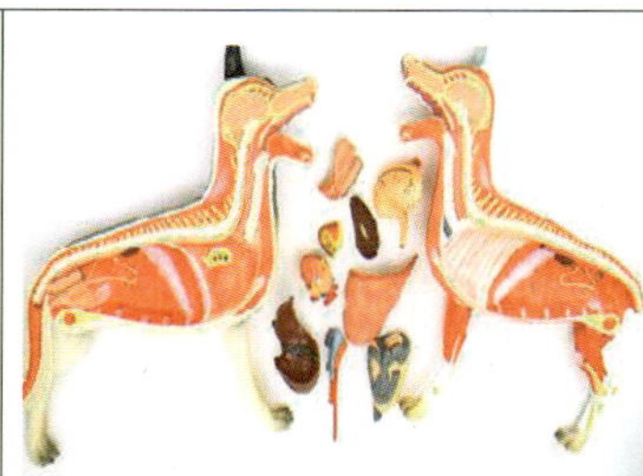	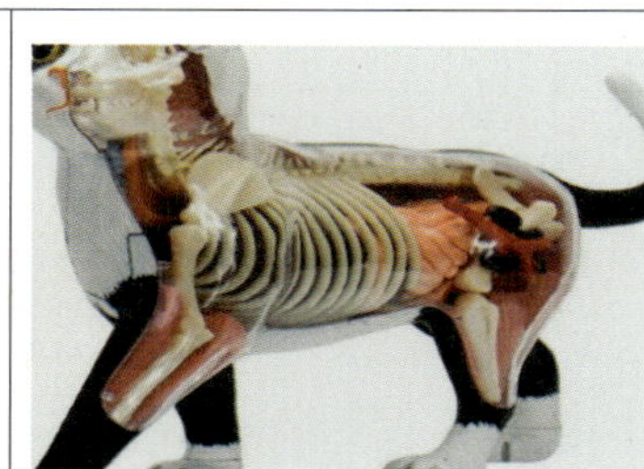
기관튜브, 공기주입 주사기	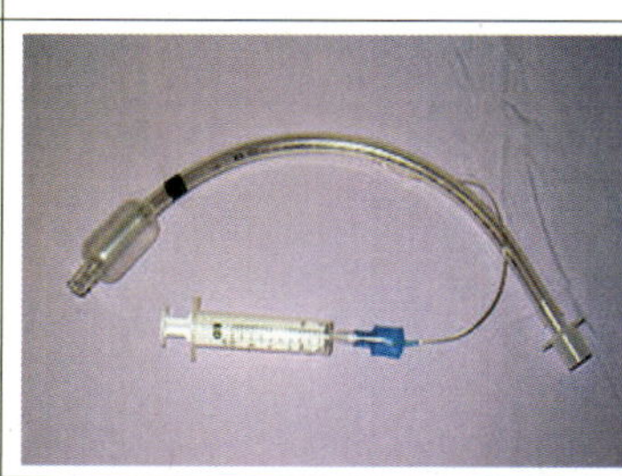	
후두경	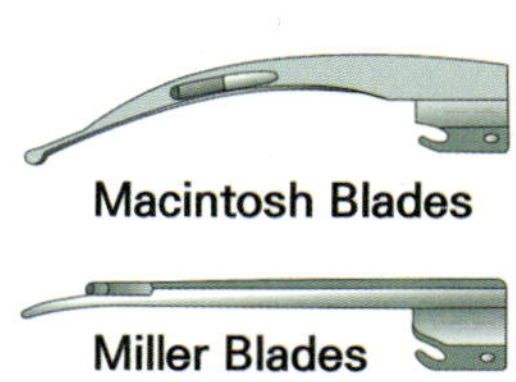	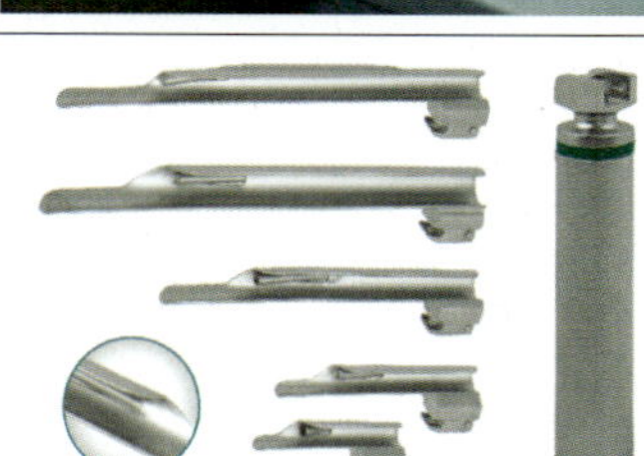

실습방법

1. 다양한 기관튜브의 종류와 기본적인 기관튜브의 구조를 이해할 수 있어야 한다.
2. 기관튜브의 사이즈 결정을 위해 방사선 사진이나 체중을 토대로 기관튜브 사이즈를 결정할 수 있도록 학습하도록 한다.
3. 다양한 후두경의 종류와 구조를 이해할 수 있어야 한다.
4. 후두경의 종류와 사이즈를 결정하기 위해 동물환자의 두상 및 종류에 따른 선택하는 방법을 학습하도록 한다.
5. 동물환자의 해부학적 구조를 알고, 후두경과 기관튜브의 접근 위치와 방법을 알아야 하며, 부작용에 대한 문제를 숙지해야 한다.

실습 일지

실습 날짜	. . .

실습 내용	
토의 및 핵심 내용	

교육내용 정리

13 비멸균보조자의 수술준비

실습개요 및 목적

동물환자의 수술을 위한 수술 전 준비부터 수술이 끝날 때까지 수술이 원활히 진행되기 위해 보조하기 위한 과정에 합류하는 구성원이며, 수술 전, 수술 중, 수술 후 과정으로 크게 나뉘어 지며 각 과정에서의 역할을 이해하고, 필요한 물품과 기기류 등을 준비할 수 있어야 한다.

실습준비물

개 고양이 모형 (개, 고양이)	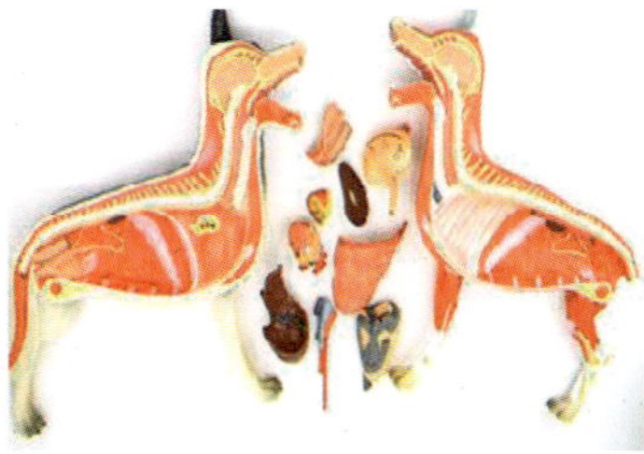	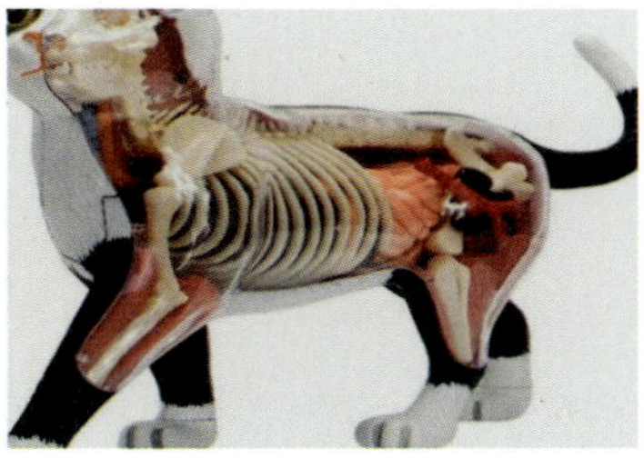
제모용 클리퍼, 핸드청소기, 동물환자 고정용 붕대, 수술용 모자, 마스크, 봉합사		
수술포, 수술복		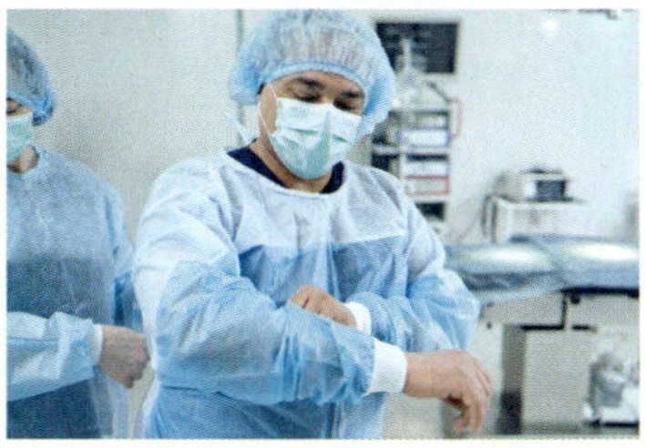

실습방법

1. 수술 전에 필요한 봉합사, 특수기구류(전기소락기 등)를 사전에 미리 점검하고 준비할 수 있어야 한다.
2. 수술실에 들어와서는 수술용 모자와 마스크착용하고 마취보조를 위해 기관튜브 삽관을 위한 동물을 보정하여야 한다.
3. 동물환자가 마취가 안정된 상태인지를 확인하고, 고정용 붕대를 이용하여 동물환자를 술자가 원하는 자세로 미리 숙지하여 고정해야 한다.
4. 제모용 클리퍼와 핸드 청소기를 이용하여 술부를 제모하고 소독제를 이용하여 소독을 실시한다.
5. 술자와 멸균보조자가 수술복을 입는 것을 보조해주며, 수술포 및 멸균된 기구류를 열어 멸균을 유지한 채로 멸균보조자 혹은 수의사에게 건네줄 수 있어야 한다.

실습 일지

실습 날짜	. . .

실습 내용	
토의 및 핵심 내용	

교육내용 정리

14

멸균보조자의 수술준비

실습개요 및 목적

동물환자의 수술을 위한 수술 전 준비부터 수술이 끝날 때까지 수술이 원활히 진행되기 위해 보조하기 위한 과정에 합류하는 구성원이며, 수술 전, 수술 중, 수술 후 과정으로 크게 나뉘어 지며 각 과정에서의 역할을 이해하고, 특히, 수술 중 필요한 물품과 기기류 등을 수술 중에 준비할 수 있어야 한다.

실습준비물

봉합사, 수술기구, 수술용 멸균 장갑		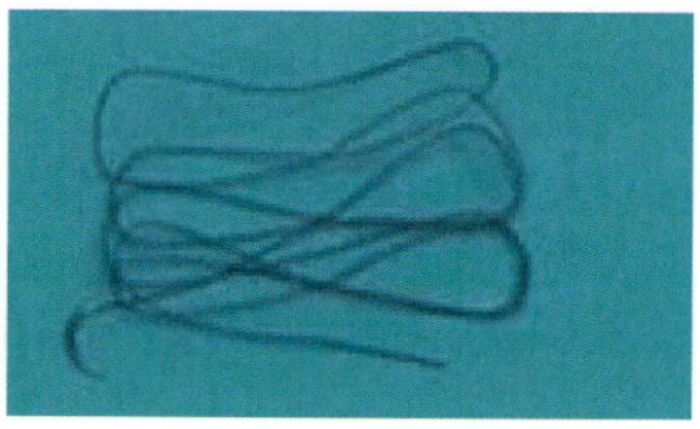
수술용 모자, 마스크, 특수기구류 등	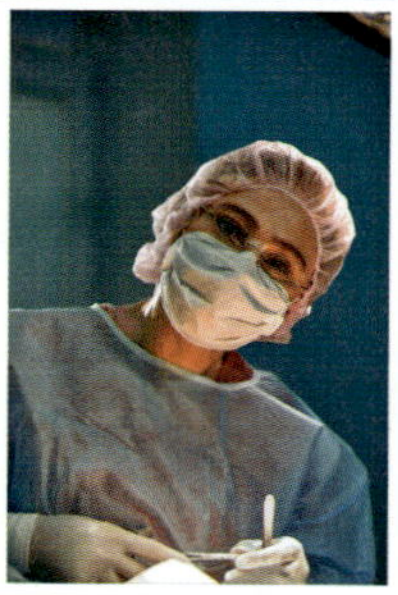	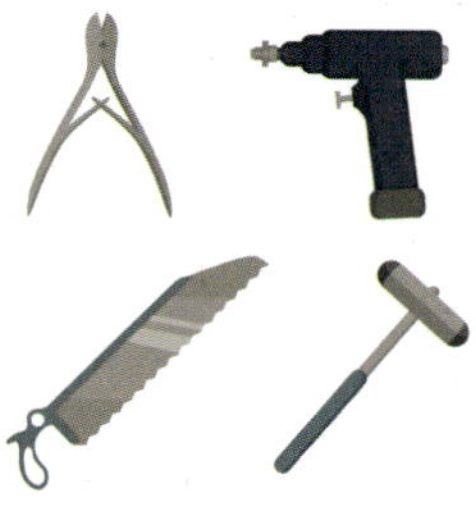
수술포, 수술복		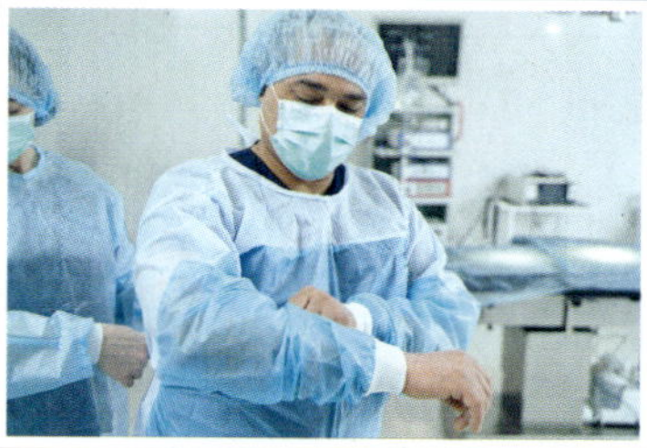

실습방법

1. 수술 전에 수술의 종류와 술자가 필요로 하는 기구류 등을 점검하고 멸균하여야 한다.
2. 수술에 참여하기 위한 멸균보조자는 멸균을 위한 손씻기를 하고, 소독하며, 수술복으로 비멸균보조자의 도움을 받아 옷을 입게 되고, 장갑을 낄 수 있어야 한다.
3. 준비가 끝나면 비멸균보조자로부터 수술포를 건네받고 동물환자에 맞게 덮게 되며, 수술기구류를 준비하게 된다.
4. 수술 동안에 술자가 필요로 하는 수술기구류, 특수기구를 준비하여 주고, 거즈를 이용하여 출혈, 화농 등의 물질이 술야를 가리지 않도록 제거하여 준다.
5. 수술이 끝난 후에는 반드시 기구와 거즈의 수를 확인해야 한다.

실습 일지

실습 날짜	. . .

실습 내용	
토의 및 핵심 내용	

교육내용 정리

15

멸균보조자의 수술보조 시 역할의 이해

실습개요 및 목적

동물환자의 수술을 위한 수술 전 준비부터 멸균보조자는 비멸균보조자와 달리 술자와 직접 수술에 참여하기 때문에 가장 중요한 멸균에 대한 개념을 잊어서는 안된다. 또한 외과적 중재에 대한 이해를 하고 있어야 하는데, 수술의 종류에 따른 필요한 수술기구류 혹은 특수기구류를 숙지하여 수술 전에 미리 멸균준비를 하여야 하며 수술 중에 술자의 지시를 잘 따라야 한다.

실습준비물

멸균기	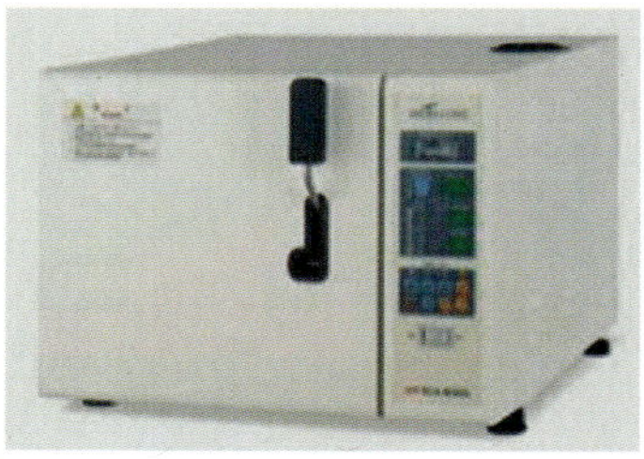	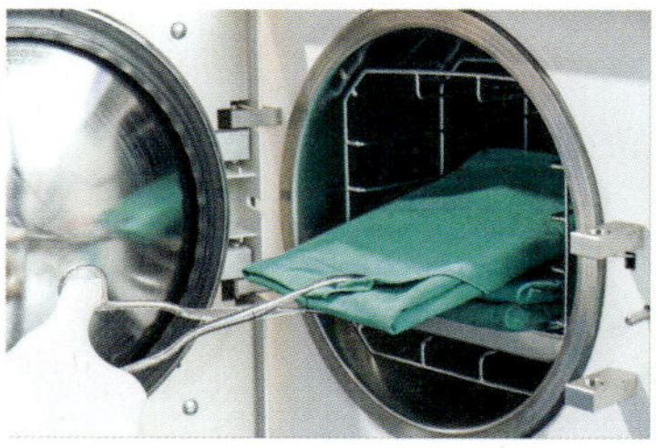
수술용 모자, 마스크, 봉합사, 수술기구, 특수기구류 등	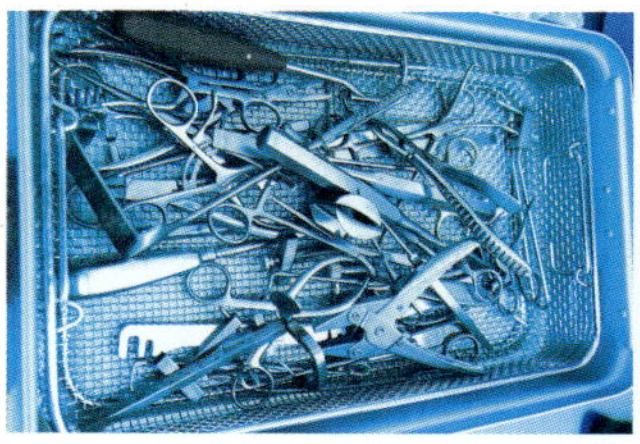	
수술포, 수술복		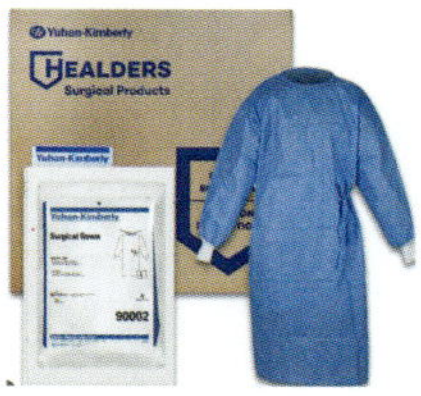

실습방법

1. 수술실에서 사용하게 되는 수술기구류 및 특수기기의 용도 및 특성을 완벽하게 숙지하여야 한다.
2. 일반적인 동물병원에서 많이 접하게 되는 외과수술의 종류를 숙지하여야 한다.
3. 소독과 멸균에 대한 개념을 정확히 구분하고 숙지하여야 한다.
4. 수술 중 술자로부터 사용된 수술기구가 돌아오게 되면 거즈로 바로 닦아 다음에 사용할 수 있도록 준비하여야 하며, 멸균거즈 등의 여유분을 항상 점검하며, 수술 중 소모품(거즈 등) 부족이 예상된다면 비멸균 보조자에게 필요한 물품이 신속하게 준비될 수 있도록 의사소통을 해야 한다.
5. 출혈, 삼출물 등 술자의 시야를 가리는 물질이 있으면 제거하여 술자의 술야 확보에 도움이 될 수 있도록 한다.

실습 일지

실습 날짜	. . .

실습 내용	
토의 및 핵심 내용	

교육내용 정리

학습목표

- 동물환자의 마취 후 각성의 과정 이해하기
- 동물환자의 각성 동안의 관리하기
- 수술 후 동물환자의 수술부위를 보호하기
- 입원장에 이동 후 동물환자의 케어하기
- 수술 종료 후 사용한 수술기구의 관리하기

PART 05

동물환자 수술 후 간호 및 관리

16

마취회복 시 동물환자의 간호

실습개요 및 목적

수술이 끝나고 호흡마취주입을 중단하거나, 주사마취의 경우, 일정시간이 지나면 환자는 각성하게 된다. 기관튜브의 제거에서부터 완전히 각성하는 동안 동물이 안정화될 때까지 상태를 주의깊게 확인해야 한다. 각성의 지표를 확인하여 마취를 회복하고 있는 동물의 상태를 익히고, 동물환자를 케어할 수 있는 능력을 갖춘 동물보건사의 역량을 함양한다.

실습준비물

개 고양이 모형 (개, 고양이)	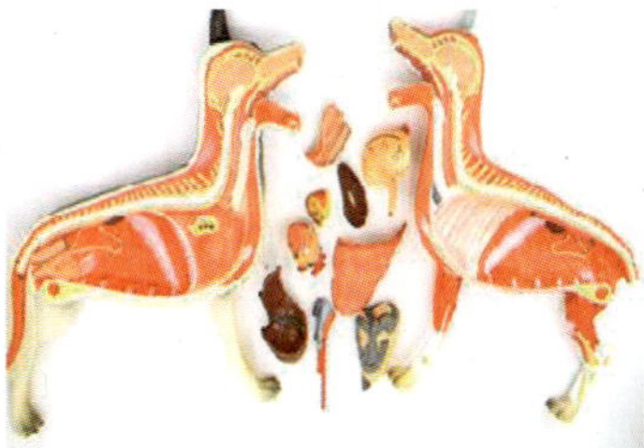	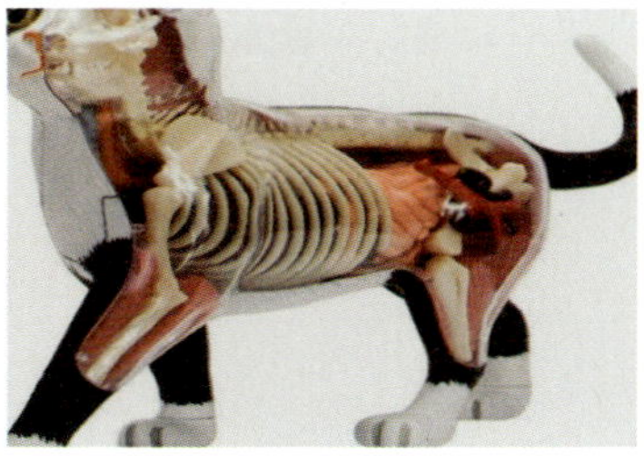
호흡마취기기 및 모니터링, 청진기, 체온계	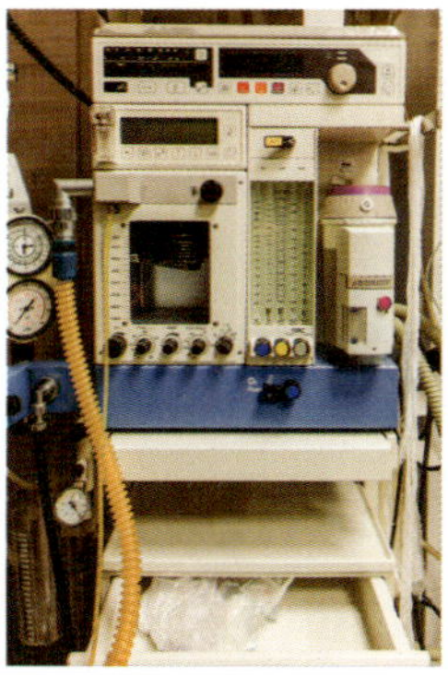	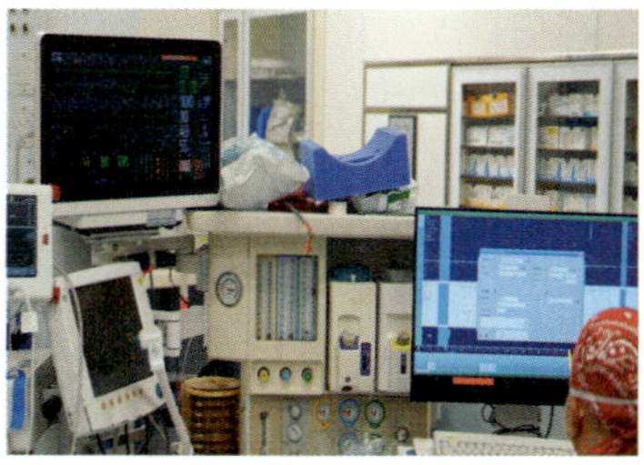
입원실, 집중동물환자 케어실	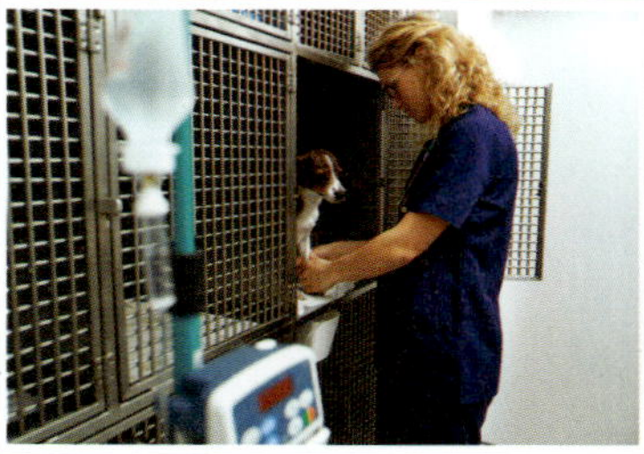	

실습방법

1. 마취기기가 초기화되어 있는지 동물환자를 마취하기 전에 우선 확인하고, 마취 모니터링기기를 활용하여 학습하도록 한다.
2. 호흡마취와 주사마취의 투여경로를 동물모형을 활용하여 동물환자의 마취상태에 대한 변화를 학습하도록 한다.
3. 호흡 및 심맥관계의 변화를 마취모니터링기기를 보면서 확인하도록 하여 마취 상태와 각성상태에서의 변화를 학습하도록 한다.
4. 동물모형과 기관튜브를 활용하여 기관튜브의 제거하는 방법을 학습하도록 한다.
5. 동물의 각성상태를 이해하기 위해 동물 모형을 활용하여 눈꺼풀반사, 턱긴장도, 움직임 등을 확인한다.

실습 일지

실습 날짜	. . .

실습 내용	
토의 및 핵심 내용	

교육내용 정리

17

수술 후 동물환자의 간호

실습개요 및 목적

수술이 끝나고 입원장에서 동물환자의 간호는 수술만큼 중요한 과정이다. 동물보건사는 동물환자가 충분히 각성되고 난 후에 입원실에 넣어서 관찰하는 과정이며 쓰러지거나 목이 굽어진 상태로 기립이 되지 않는 등의 예측 불가능한 사태가 일어날 수 있으므로 수술 후 심박수, 호흡상태, 기립 등을 관찰할 수 있는 역할을 함양하도록 한다.

실습준비물

동물모형		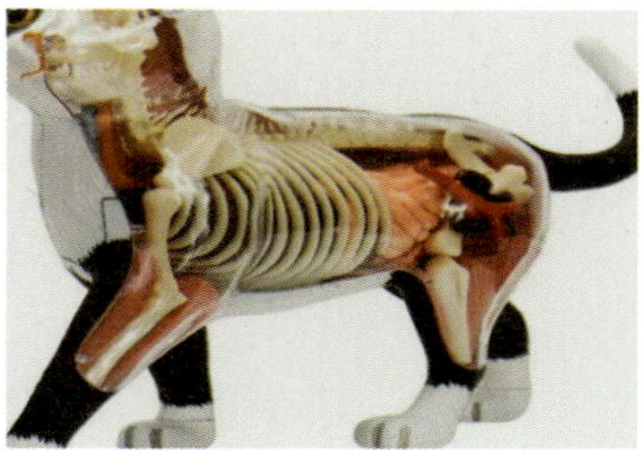
입원장		
체온계, 청진기, 스톱워치	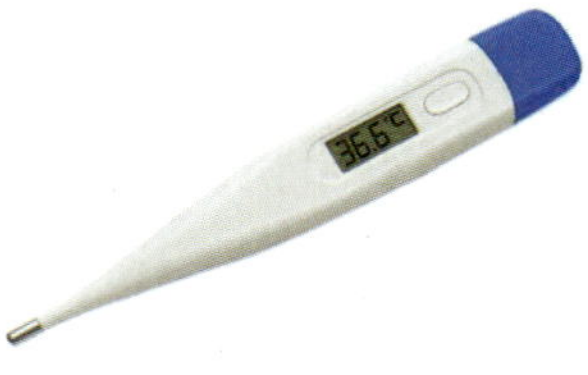	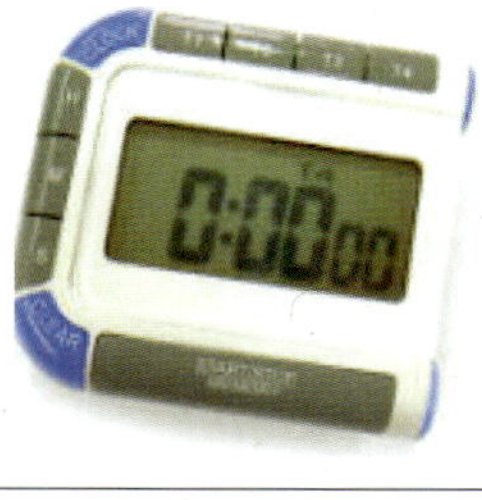

실습방법

1. 각성이 충분한 것을 확인 후, 지속적인 호흡상태, 심박수, 모세혈관충만시간, 구토 등의 이상소견을 청진기 및 스톱워치를 이용하여 확인되어야 한다.
2. 마취 각성 후 환자의 움직임으로 수액세트의 이상, 술부의 출혈, 붕대의 손상 등이 확인되어야 한다.
3. 각성 직후의 동물환자는 체온조절의 기능이 충분치 않으며, 장시간의 마취 후 동물의 체온은 하강하여 있으므로 체온계를 이용하여 체온을 측정하여야 하며, 입원실 안의 온도조절 또한 확인되어야 한다.
4. 동물환자의 체온, 맥박, 호흡수를 일정한 간격으로 관찰하여야 하며, 스스로 돌아눕지 못하는 경우 정기적으로 환자를 돌려주어야 한다.
5. 동물보건사는 동물환자가 심각한 통증을 호소하거나, 경련 등의 반응을 보이는지 확인하여야 한다.

실습 일지

실습 날짜	. . .

실습 내용	
토의 및 핵심 내용	

교육내용 정리

18

수술 후 물질 및 수술기구관리

실습개요 및 목적

수술이 끝나고 수의사 및 동물보건사의 건강에 위협을 줄 수 있는 물질의 관리가 수술실을 포함한 직장에서의 안전을 보장하기 위하여 필요하다. 또한, 수술기구는 제대로 관리하면 오랫동안 사용할 수 있다. 수술 후에 장비, 호흡마취가스, 바늘/손상성 기구의 처리, 의료폐기물 등의 물질을 관리하고 수술기구를 관리함으로써 동물보건사의 역량을 함양한다.

실습준비물

의료폐기물 박스	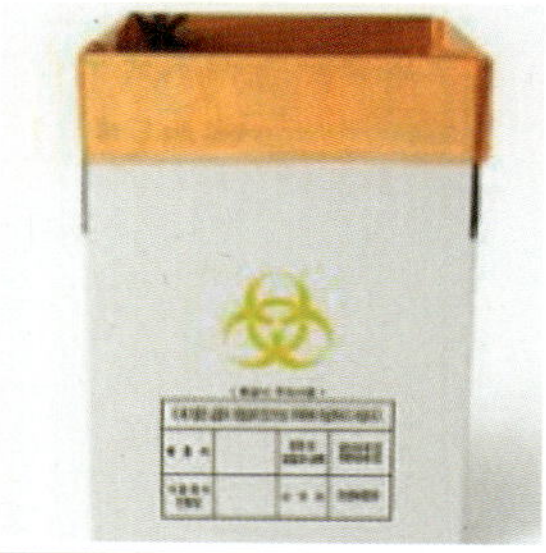	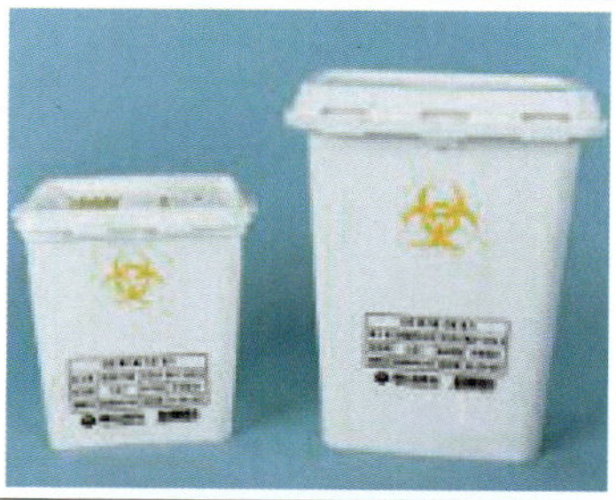
봉합사 바늘	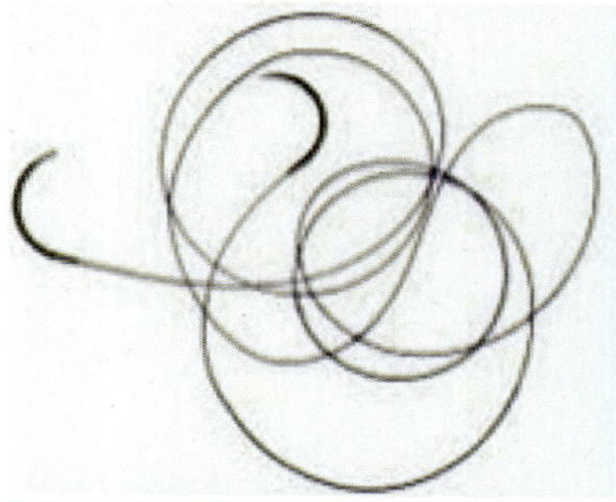	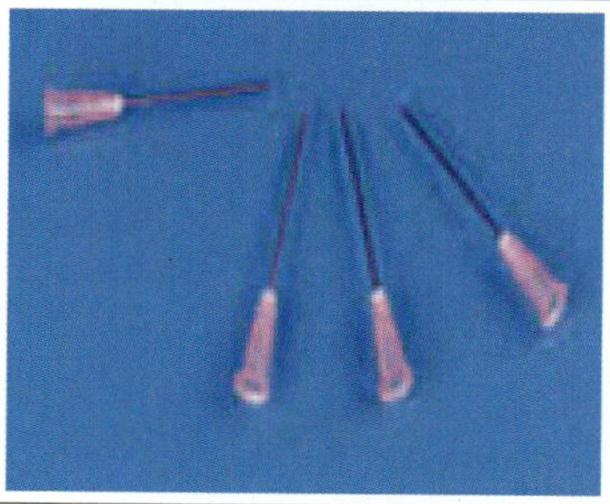
각종 수술기구류	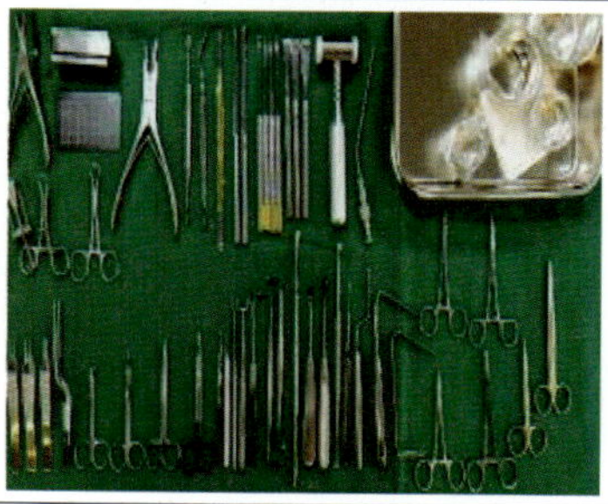	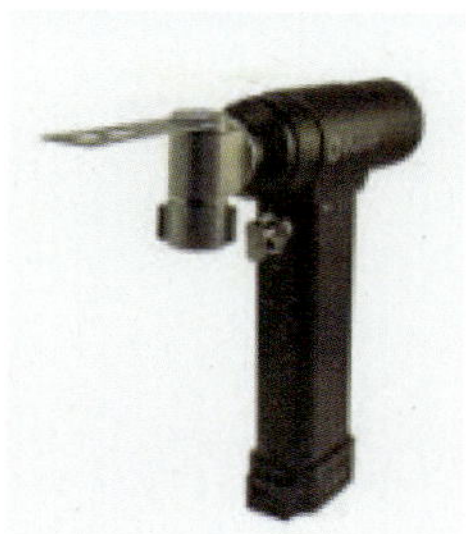

실습방법

1. 수술실 내의 건강과 안전, 무엇보다 수의사와 동물보건사의 안전을 보장하기 위해 마취가스 및 화학약품(포르말린 등)에 대한 수술 후의 점검을 학습한다.
2. 수술실 내의 건강과 안전, 무엇보다 수의사와 동물보건사의 안전을 보장하기 위해 바늘 및 손상성 기구, 의료 폐기물에 대한 수술 후 분류하고 처리할 것을 학습한다.
3. 수술기구류와 특수기구를 분류할 수 있어야 하며, 세척 및 소독하는 방법을 기구에 따라 분류하고 진행할 수 있어야 한다.
4. 수술 후 세탁물과 폐기물을 분류할 수 있고, 린넨류의 세탁, 분류, 멸균 및 정리할 수 있어야 한다.

실습 일지

실습 날짜	. . .

실습 내용	
토의 및 핵심 내용	

교육내용 정리

학습목표

- 창상치유의 과정을 알고 있으며, 이유와 목적을 이해하기
- 붕대적용의 이점을 파악하고, 적용하기
- 물리치료기기들의 적용원리를 이해하기
- 물리치료기기들의 적응증과 금기증 숙지하기
- 재활운동의 목적과 의의를 이해하기

PART

06

창상관리 및 물리치료 · 재활운동

19

창상관리 및 붕대법

실습개요 및 목적

수술이 끝나고 병원환경에서 세균감염 방지의 핵심은 동물환자의 창상관리이다. 창상관리에는 우선 술부의 소독이 있으며, 이후에 세균감염으로부터 상처를 보호하고, 부종증가를 감소시키고, 삼출물을 흡수해주며, 보호자에게 미각적인 모습을 보여줄 수 있는 붕대법을 적용하여 동물환자의 창상관리를 할 수 있는 동물보건사의 역량을 함양하도록 한다.

실습준비물

소독제제	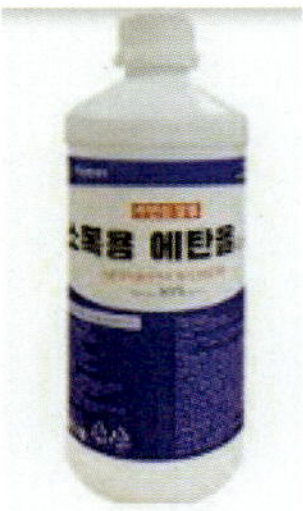	
엘리자베스 칼라		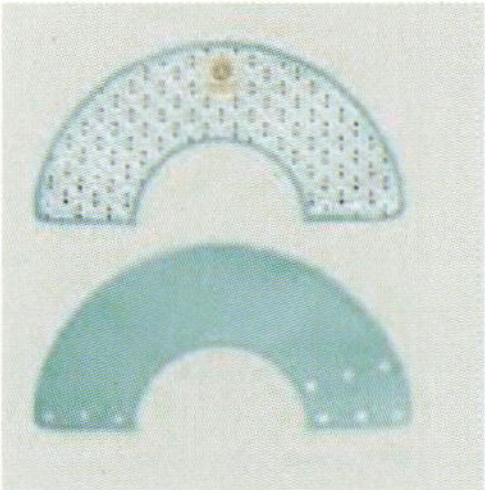
붕대, 3M 종이테이프, 코반, 스타키넷		

실습방법

1. 창상관리에서 수술 후 소독은 미생물에 대한 감염을 예방하고 환자를 빠르게 회복하게 할 수 있다는 점에서 매우 중요하며, 수술 결과에 지대한 영향을 줄 수 있으므로 여러 종류의 소독제제를 학습한다.
2. 수술 부위의 보호를 목적으로 엘리자베스 칼라, 스타키넷를 동물환자에게 직접 적용하여 적절한 착용을 학습한다.
3. 붕대를 완전화하기 위한 붕대의 종류에 따른 절차와 순서가 있다. 각 붕대의 순서와 절차 및 종류를 확인하여 실습하기 전에 학습하도록 한다.
4. 붕대, 코반, 종이반창고, 거즈 등을 활용하여 로버트존스 밴디지(RJ bandage)를 동물모형에 적용하여 선행학습한다.
5. 봉합사제거가 이루어지지 않은 상태의 퇴원시 술부관리에 대한 보호자 교육을 실시할 수 있어야 한다.

실습 일지

실습 날짜	. . .

실습 내용	
토의 및 핵심 내용	

교육내용 정리

20

물리치료 및 재활운동

실습개요 및 목적

동물보건사는 동물환자가 입원기간 동안 수의사의 처방으로 물리치료를 적용받게 될 경우, 기기에 대한 숙지를 하여야 하며 동물환자가 입원장에서 나와도 될만큼 안정화 된다면 동물환자의 재활운동을 질환에 따라 적용할 수 있도록 운동의 원리와 개념을 숙지하고 적용할 수 있도록 재활운동에 대한 역량을 함양하도록 한다.

실습준비물

물리치료기기	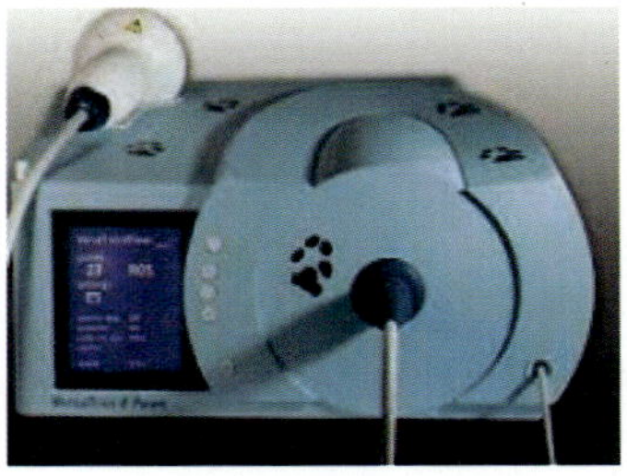	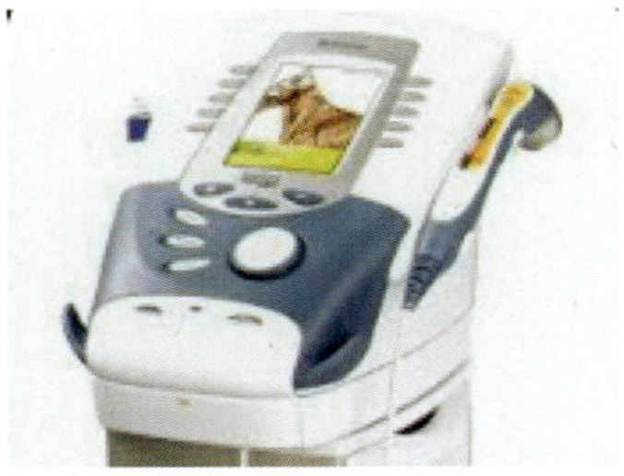
물리치료기기	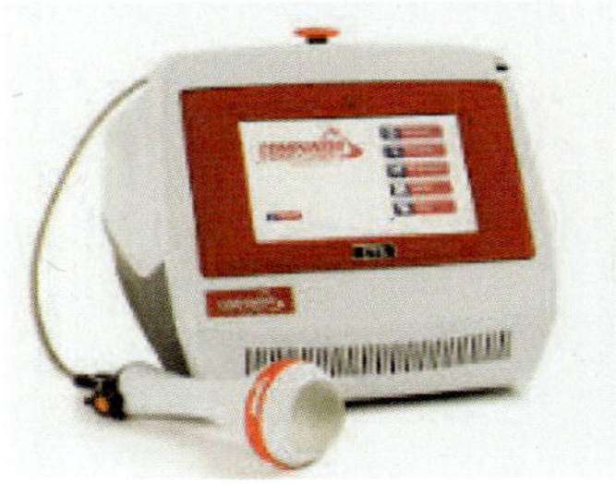	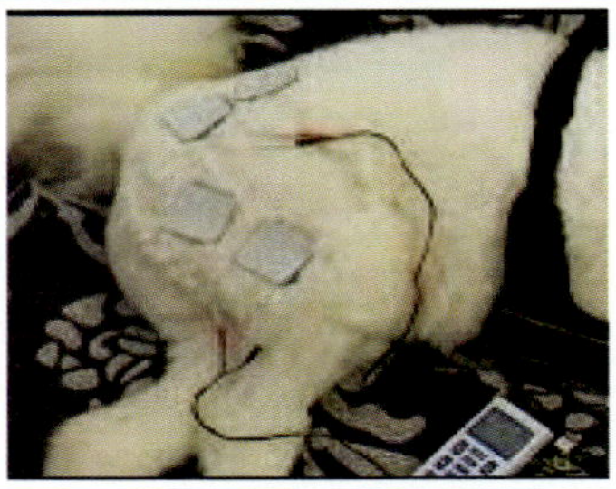
재활운동기구		

실습방법

1. 병원 내, 물리치료기기들에 대한 특성과 조작에 대한 학습이 되어야 하며, 각 기기별로 적응증과 금기증에 대한 학습이 선행되어야 한다.
2. 수의사의 처방에 의한 물리치료기기들의 적용을 준비하며, 적용하는 동안 동물의 상태에 대한 관찰을 주의깊게 하여야 한다.
3. 입원장에서 나온 동물환자에게 적용할 재활운동의 원리와 개념이 먼저 선행되어야 한다.
4. 동물환자에게 운동재활을 적용하면서 술부의 통증호소, 발열, 쇼크 등의 증상을 보이는지 주의깊게 관찰하여야 하며, 금기사항에 대해 숙지하여야 한다.
5. 퇴원 후, 보호자에게 필요한 재활운동의 정보(가정 운동프로그램)를 제공할 수 있어야 한다.

실습 일지

실습 날짜	. . .

실습 내용	
토의 및 핵심 내용	

교육내용 정리

저자

이수정
연성대학교 반려동물보건과

이신호
경남정보대학교 반려동물케어과

감수자

김영훈_우송정보대
윤은희_영남이공대
이재연_대구한의대
황인수_서정대

동물보건 실습지침서
동물보건외과학 실습

초판발행 2023년 3월 30일

지은이 이수정 · 이신호
펴낸이 노 현

편 집 배근하
기획/마케팅 김한유
표지디자인 이소연
제 작 고철민 · 조영환

펴낸곳 ㈜ 피와이메이트
서울특별시 금천구 가산디지털2로 53, 210호(가산동, 한라시그마밸리)
등록 2014. 2. 12. 제2018-000080호
전 화 02)733-6771
f a x 02)736-4818
e-mail pys@pybook.co.kr
homepage www.pybook.co.kr
ISBN 979-11-6519-401-7 94520
979-11-6519-395-9(세트)

정 가 20,000원

박영스토리는 박영사와 함께하는 브랜드입니다.